超简单入门与精通

时尚女装

制板与裁剪

王京菊　王　健　著

U0201484

化学工业出版社

·北京·

内 容 简 介

本书以全彩色图解的形式，精选大量品牌女装，强调新款式、新版型、新技法，帮助读者轻松学习和掌握时尚女装制板与裁剪技法与技巧。

全书内容包括：女装制板裁剪基础知识；衬衫制板与裁剪；短裙制板与裁剪；连衣裙制板与裁剪；马甲制板与裁剪；上衣制板与裁剪；裤装制板与裁剪；大衣制板与裁剪。

本书图文并茂、通俗易懂，技术性、实用性、实操性强，为读者提供了大量能直接裁剪制作的品牌服装企业制板实例。本书既可供服装制板爱好者，特别是在职的服装技术人员阅读和使用，也可作为在校师生的教学参考书，快速入门，成为高手！

图书在版编目（CIP）数据

超简单入门与精通：时尚女装制板与裁剪 / 王京菊，王健著. — 北京：化学工业出版社，2020.10 （2024.7重印）

ISBN 978-7-122-37362-5

Ⅰ. ①超… Ⅱ. ①王… ②王… Ⅲ. ①女服 – 服装量裁 Ⅳ. ①TS941.717

中国版本图书馆 CIP 数据核字（2020）第 122942 号

责任编辑：朱 彤　　　文字编辑：谢蓉蓉　　　装帧设计：水长流文化
责任校对：王鹏飞　　　美术编辑：王晓宇

出版发行：化学工业出版社（北京市东城区青年湖南街 13 号　邮政编码 100011）
印　　装：涿州市般润文化传播有限公司
787mm×1092mm　1/16　印张 12¼　字数 315 千字　2024 年 7 月北京第 1 版第 2 次印刷

购书咨询：010-64518888　　　　　　　　售后服务：010-64518899
网　址：http://www.cip.com.cn
凡购买本书，如有缺损质量问题，本社销售中心负责调换。

定　　价：68.00 元

前 言

随着我国服装生产行业的飞速发展及现代社会大众生活水平的不断提高，人们的审美意识随之提升，紧跟潮流、突出自我逐渐成为消费者对服装款式的要求和追求。服装制板与裁剪既是服装设计的重要组成部分，也是服装生产的技术核心，样板裁剪的准确度及效率往往会直接影响到服装的成本与服装质量。

女装在服装制板中款式变化最多，而且结构也较为复杂。本书作者根据多年在企业和学校从事女装制板方面的经验编写了本书，希望一方面能为大家提供更多时尚、流行的女装款式；另一方面，也希望能将较为完美、精确的服装板型介绍给广大读者以及服装从业人员和服装爱好者。全书共分为8章。其中，第1章为女装制板裁剪基础知识；第2章为衬衫制板与裁剪；第3章为短裙制板与裁剪；第4章为连衣裙制板与裁剪；第5章为马甲制板与裁剪；第6章为上衣制板与裁剪；第7章为裤装制板与裁剪；第8章为大衣制板与裁剪。本书的编写特点主要如下。

（1）书中的板型结构与工艺方法都是根据品牌女装企业的制板与生产工艺提炼和总结的；同时，编写内容紧密围绕女性的体型特征，运用服装结构设计原理，重点讲解了女装基本型的制板原理并利用基本型绘制变化款式的女装。

（2）根据服装品种、特征，精选了大量时尚、流行的女装款式，重点强调将服装制板典型案例与现代企业女装裁剪制作过程相结合，书中每个章节的裁剪与制作示范详细，使读者能由浅入深、循序渐进地学习与掌握服装裁剪要领，在创新能力、动手能力、拓展能力等方面得到更多提高。

（3）全书努力做到图文并茂、通俗易懂，注重融入基础制板原理阐述与具体实例的运用；还力图通过选择不同质地、不同色调变化的时尚女装款式，进行巧妙搭配以表现更好的视觉体验。

本书由北京联合大学王京菊、王健著。本书在编写过程中，众多专家给予了大力支持和帮助，在此深表感谢。

由于时间和水平有限，本书尚有不足之处，敬请广大读者批评、指正。

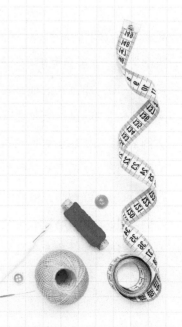

著者

2020年6月

目 录

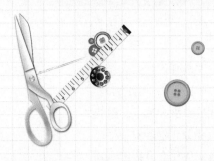

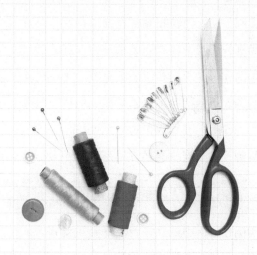

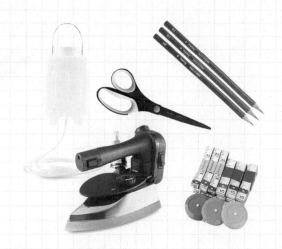

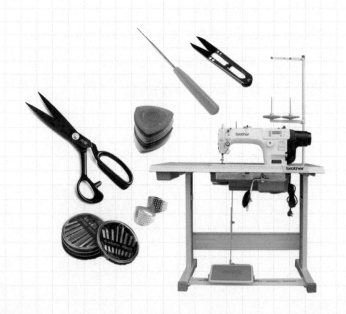

第1章
女装制板裁剪基础知识

1-1 女装的测体方法

长度及宽度测量：

（1）背长：由第七颈椎沿背部量至腰间最细处。

（2）上裆长：沿人体后部由腰间细处量至大腿根处。

（3）下裆长：大腿根处量至脚踝内侧的长度。

（4）裤长：腰间最细处沿人体侧部位量至所需长度。

（5）肩宽：沿人体背部左肩端量至右肩端。

（6）胸围：水平围量胸部丰满处一周。

（7）腰围：水平围量腰部最细处一周。

（8）臀围：水平围量臀部丰满处一周。

（9）臀高：腰间最细处量至臀围最丰满处。

（10）袖长：肩骨端沿臂部量至腕骨点。

（11）袖口围：沿腕骨量至一周，根据款式设计加放松量。

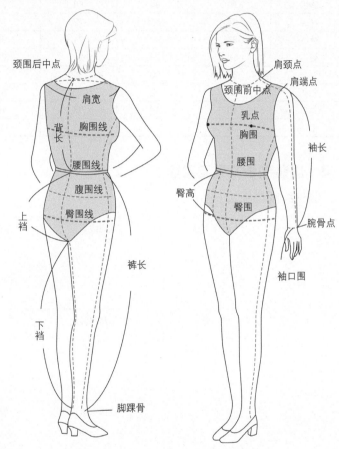

1-2 人体部位代号及各部位名称

SNP	肩颈点	W	腰围	HL	臀围线
SP	肩端点	H	臀围	BNP	颈围后中点
FNP	颈围前中点	BL	胸围线	N	颈围
BP	乳点	WL	腰围线	S	肩宽
B	胸围	MHL	腹围线		

1-3 女装基础原型的号型系列

女装基础原型是以人体尺寸和外形为依据，以背长、净胸围为基数并加入一定的放松量，按一定的比例绘制成的一种人体体表的平面展开图。利用原型绘制的服装结构、裁剪图变化丰富，且应用灵活、简单，易于掌握。

利用基础原型绘制服装结构裁剪图，可适当参考以下测量部位数据。

人体部位	号型					
	S	M	ML	L	LL	3L
胸围	80	84	88	94	100	106
腰围	64	68	72	76	80	84
臀围	88	90	94	98	102	106
臀高	18	20	21	21	21	21
背长	37	38	39	40	41	42
袖长	51	52	53	54	55	56
袖口	15	16	17	18	18	18
上裆	25	26	27	28	29	29

1-4 服装制板符号及用途

制板绘制符号如下：

轮廓线	辅助线	前领口弧长
等分线	面料直纱向	后领口弧长
直角	反面贴边宽线	BP点
剪开	重叠号	等长线
省道合并	裥褶折烫方向	前后差

轮廓线：粗实线表示服装样片结构及零部件的轮廓线。

辅助线：细实线表示服装样片结构的基础线，尺寸与尺寸的界线。

前领口弧长：前领口弧线的实际长度（配置领子用）。

等分线：表示线段的部位等分成同等距离。

面料直纱向：裁片所示方向与面料经向平行。

后领口弧长：后领口弧线的实际长度（配置领子用）。

直角：显示直角在裁剪图中的标注。

反面贴边宽线：表示服装止口反面的贴边宽度。

BP 点：表示乳点的位置。

剪开：服装样板上需要剪开的部位，如省道转移；与省道合并号同时使用。

重叠号：表示服装样板裁片互相重叠的部分。

等长线：表示裁片中线条相等长的部位。

省道合并：服装纸样中省道需要拼合后裁剪的部位。

裥褶折烫方向：表示服装制作时褶裥量进行倒烫的方向。

前后差：表示前后衣身腰节的差量，绘制样板时可通过差值绘制腋下基础省道量。

1-5　女装基础原型的绘制方法

基础原型是运用人体基本部位和若干重要部位的比例形式来表达其余相关部位结构的最简单的基础样板。因此在原型的绘制中，采用几个主要部位的测量尺寸就能完成原型的绘制。

基础原型绘制需要的必要尺寸有净胸围和背长，下面是以背长38cm、胸围84cm为例绘制的分步骤图示。

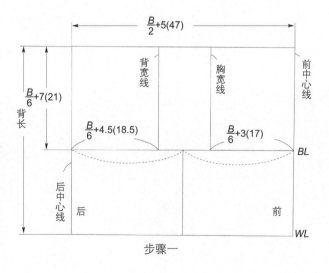

步骤一

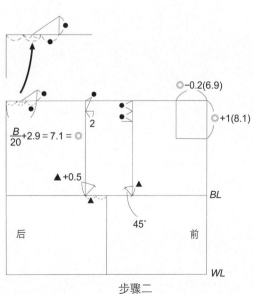

步骤二

3

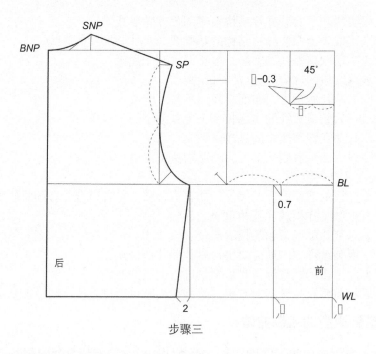

步骤三

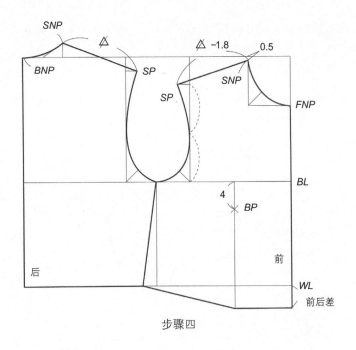

步骤四

1-6 服装制板与裁剪制作常用工具

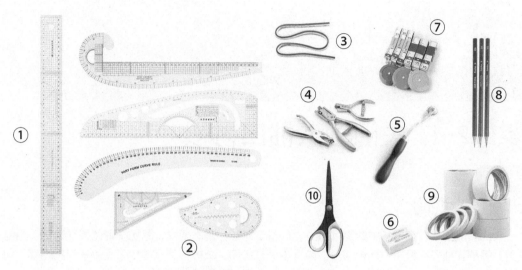

① 直尺；② 各种曲线尺及三角板；③ 蛇形尺；④ 打孔器；
⑤ 滚轮；⑥ 橡皮；⑦ 软尺；⑧ 铅笔；⑨ 胶带；⑩ 剪刀

服装制板常用工具

① 蒸汽熨斗；② 剪刀；③ 服装专用大头针；④ 纱剪；⑤ 锥子；⑥ 钢尺；
⑦ 顶针；⑧ 画粉；⑨ 缝纫机；⑩ 手缝针；⑪ 拆线器；⑫ 软尺

服装裁剪制作常用工具

第2章
衬衫制板与裁剪

实例 2-1　关门领散袖口衬衫

款式说明：

　　此款造型是女装衬衫中的基本造型，具备了衬衫的基本要素，是初学者的最佳选择。由前身、后身、袖子和领子四部分组成。前身中缝有搭门，单排扣共五粒扣子；领子为关门领；袖子为一片圆肩袖，袖口呈散口状；前片腋下有省道，衣摆为直身下摆。

效果图

款式图

规格确定

单位：cm

衣长	58
肩宽	38
胸围	94
袖长	54
袖口	23（一圈）

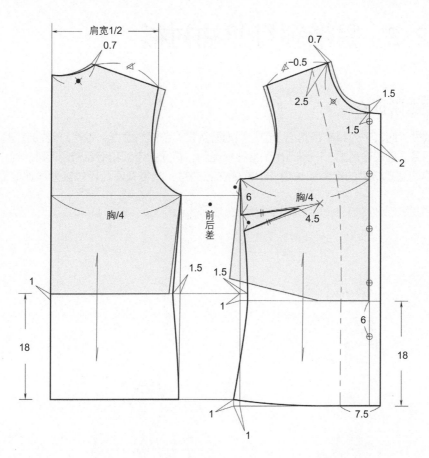

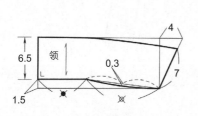

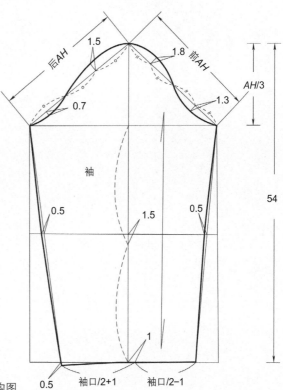

← **裁剪片数**

前衣片	2 片
后衣片	1 片（整）
袖片	2 片
领里片	1 片（整）
领面片	1 片（整）
过面片	2 片

结构图

实例2-2　飘带领灯笼袖衬衫

款式说明：

　　此款衬衫的领子为飘带系花结、前门襟为五粒扣、前襟为圆摆、袖呈灯笼袖造型。飘带领是领子的另一种表现形式，一般适用于女衬衫品种，有宽飘带领和窄飘带领两种，可以根据款式的需要调整飘带领的宽窄和长短，但需要注意的是：飘带领适合用较轻薄质地的面料进行制作。

效果图

款式图

 规格确定

单位：cm

衣长	56
肩宽	39
胸围	94
袖长	58
袖口	23（含搭门）

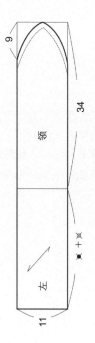

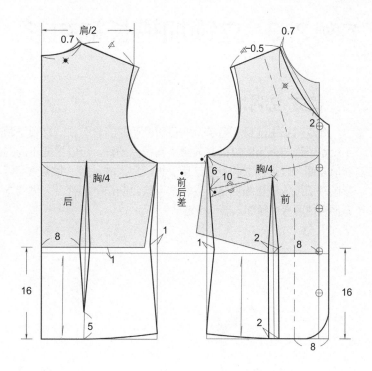

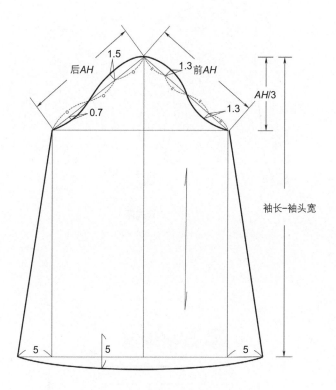

结构图

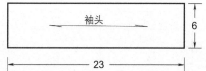

裁剪片数

前衣片	2片
后衣片	1片（整）
领片	2片（整）
袖片	2片
过面片	2片
袖头片	4片
袖衩条	2片

实例 2-3　立领加褶长袖衬衫

款式说明：

　　此款衬衫由前身、后身、袖子和领子四部分组成。立领是领子中最常见的表现形式，运用不同丝道面料做出的立领在效果上有很大差异。可以根据不同的款式需要选择立领的宽度、形状以及面料丝道。立领一般应用于男、女大衣，男、女夹克和男、女衬衫等服装品种。此款衬衫前领口加入了褶皱变化，立领选用斜丝制作更加符合人体要求；袖子为长袖带袖头，为穿着方便选择后身中缝加入隐形拉链。

效果图

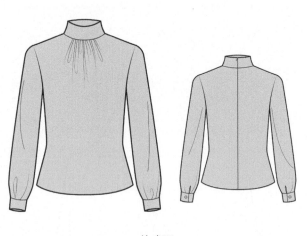

款式图

规格确定

单位：cm

衣长	56
肩宽	39
胸围	94
袖长	57
袖口	22

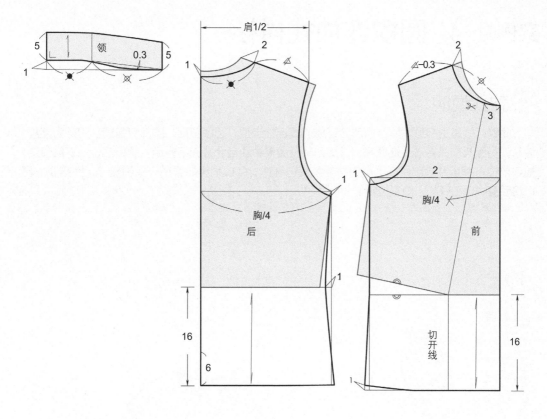

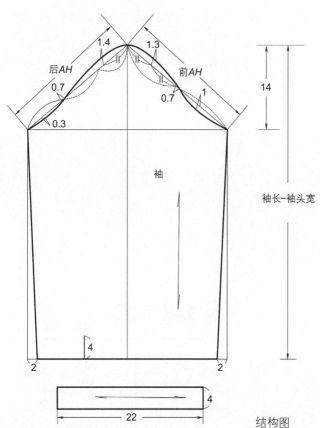

结构图

裁剪片数

前衣片	1片（整）
后衣片	2片
袖片	2片
袖头片	4片
领片（斜丝）	1片（整）
袖衩贴边片	2片

实例 2-4　圆摆连袖式衬衫

🔙 款式说明：

　　此款衬衫是由前身、后身两部分组成的肩连袖造型，圆领圆摆，腰部有省道。前身为整片，注意裁剪面料前先将省道处理好，方法为剪开腰省中线且合并腋下省道。领口部位、下摆部位、袖口部位可采用贴边制作，也可用斜丝条裹边制作。领口大小如果小于头围尺寸，为穿脱方便可将后身中缝剪开加入隐形拉链。

效果图

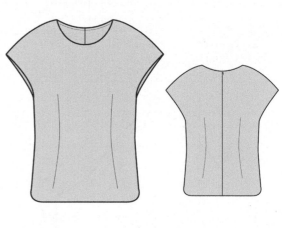

款式图

🔙 规格确定

单位：cm

衣长	56
肩宽	38
胸围	100
袖长	10

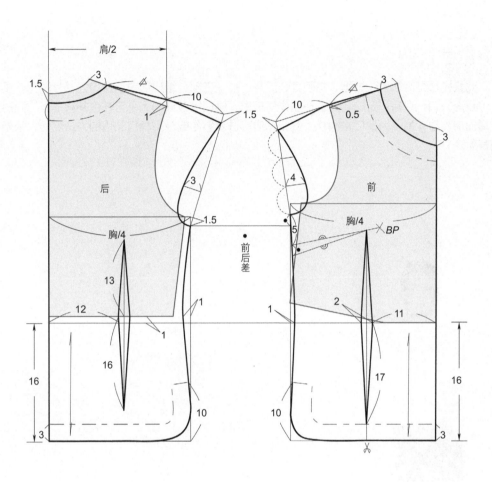

 裁剪片数

前衣片	1片（整）
后衣片	2片
前领贴边	1片（整）
后领贴边	2片
前摆贴边	1片（整）
后摆贴边	2片（整）

结构图

实例2-5 领口抽带式半袖衬衫

款式说明：

　　此款衬衫是宽松套头造型，由前身、后身、袖子三部分组成。前后身均为整片裁剪，领口部位U形开口，具有一定的特点。在制作样板时，领口褶皱量的大小可在合并腋下省的同时适当增加褶皱量；袖子为散口半袖状；领口贴边可选用斜丝或裁剪领口贴边的方法制作，领条可用直丝。

效果图

款式图

规格确定

单位：cm

衣长	58
肩宽	38
胸围	104
袖长	25
袖口	32（一圈）

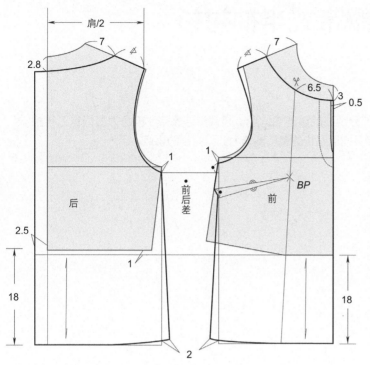

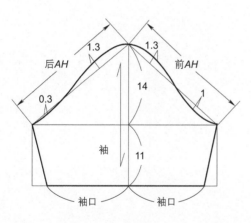

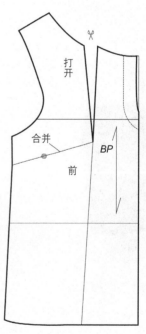

裁剪片数

前衣片	1 片（整）
后衣片	1 片（整）
袖片	2 片
领口贴边片	1 片
领口条	1 条
装饰带	1 条

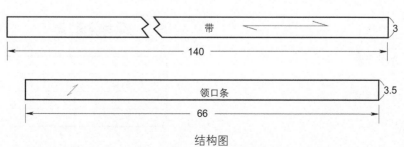

结构图

实例 2-6 　连襟飘带式半袖衬衫

← **款式说明：**

　　此款衬衫由前身、后身两部分组成的肩连袖造型。圆领口连飘带；前身为直门襟五粒扣；前后衣片腰部有省道。连领飘带及门襟贴边的裁剪制作为此款衬衫的重点。

效果图

款式图

← **规格确定**

单位：cm

衣长	56
肩宽	38
胸围	94
袖长	18

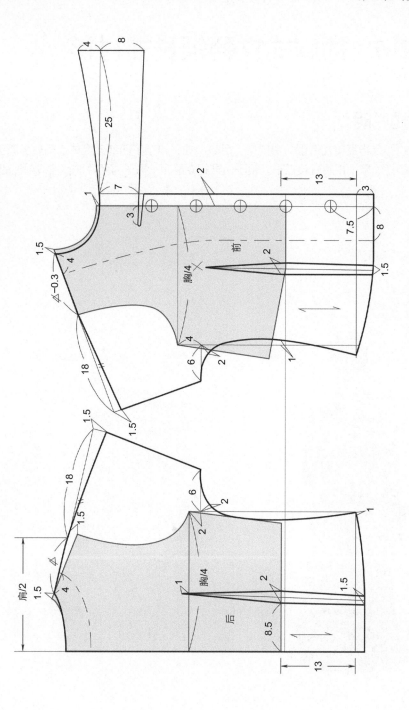

裁剪片数

前衣片	2片
后衣片	1片（整）
前襟贴边片	2片
后领贴边片	1片

结构图

实例 2-7　插肩式立翻领长袖衬衫

款式说明：

　　此款衬衫是半插肩袖造型，由前身、后身、袖子和领子四部分组成。前后身腰部采用对褶收腰；有搭门、单排扣共五粒扣子；领子为男式立翻领；袖子为两片袖。袖口部位的袖头较宽，无袖褶。

效果图

款式图

规格确定

单位：cm

衣长	62
肩宽	40
胸围	102
袖长	58
袖口	26（含搭门）

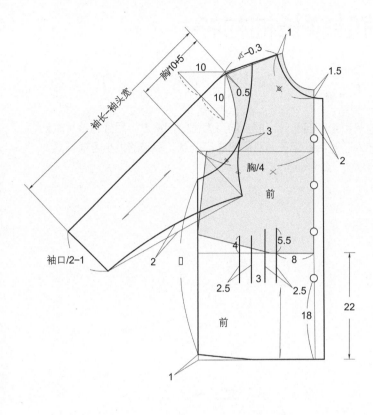

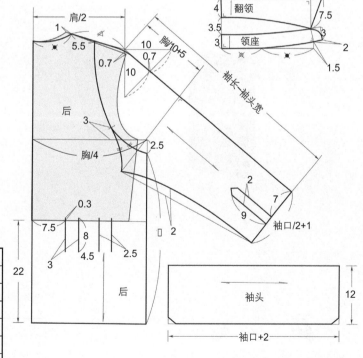

裁剪片数

前衣片	2片
后衣片	1片（整）
前袖片	2片
后袖片	2片
袖开衩上片	2片
袖开衩下片	2片
袖头片	4片
领座片	2片（整）
翻领片	2片（整）

结构图

实例 2-8　斜襟荷叶领长袖衬衫

🔙 款式说明：

　　此款衬衫是由前身、后身、袖子和领子四部分组成。前身为宽搭门斜襟；后身为整片；袖子为落肩长袖造型并在袖口中间加入了对褶。领子为趴肩褶皱荷叶状，褶皱的大小可根据喜好选择，制作时可选择单片裁剪。

效果图

款式图

🔙 规格确定

单位：cm

衣长	58
肩宽	38（落肩5）
胸围	100
袖长	50
袖口	21

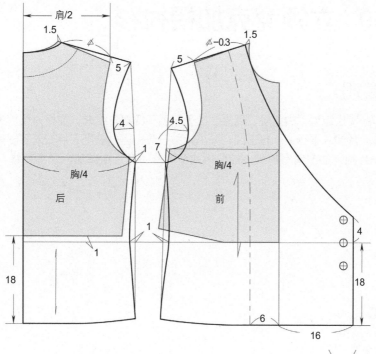

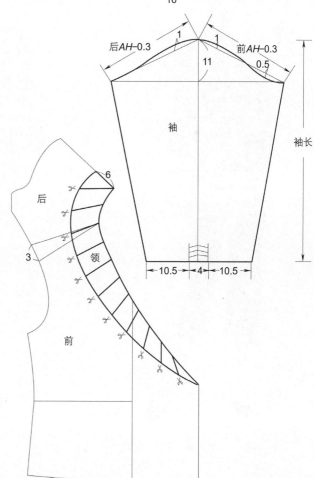

裁剪片数

前衣片	2片
后衣片	1片（整）
袖片	2片
前领贴边片	2片
后领贴边片	1片
领子片	2片

结构图

实例 2-9　立领育克加褶衬衫

◀ 款式说明：

　　此款衬衫是宽松造型，由前身、后身、袖子和领子四部分组成。前身为整片前胸部位有弧线分割线，育克片加入平行褶，有搭门、单排扣共五粒扣子；衣身下片加入了倒褶。领子为立领；袖子为一片袖，袖山稍有褶皱，袖口用袖头收紧；后片中部加入了褶装饰，衣摆为圆弧下摆。

效果图

款式图

◀ 规格确定

单位：cm

衣长	72
肩宽	39
胸围	106
袖长	46
袖口	24

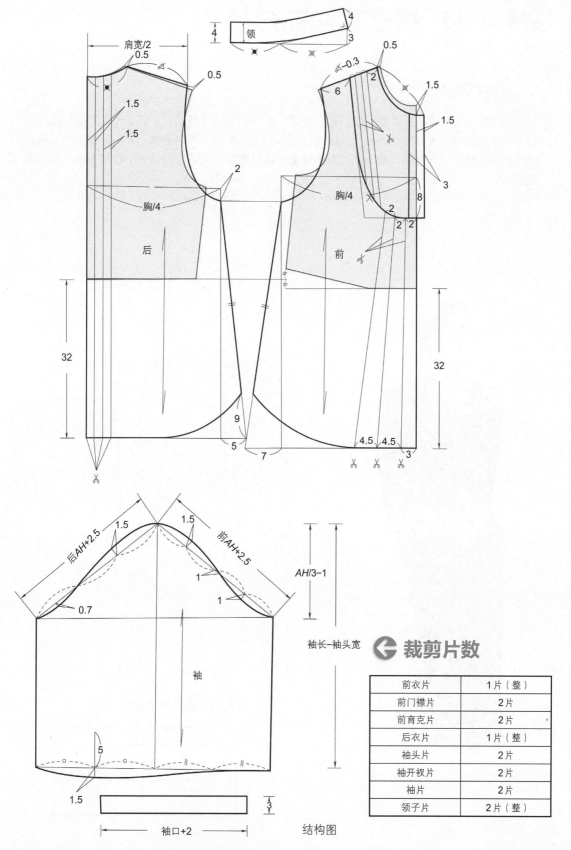

前衣片	1片（整）
前门襟片	2片
前育克片	2片
后衣片	1片（整）
袖头片	2片
袖开衩片	2片
袖片	2片
领子片	2片（整）

裁剪片数

结构图

实例 2-10　裙摆式泡袖衬衫

🔹 款式说明：

　　此款衬衫是合体收腰造型，由前身、后身、袖子和前后断身组成。前身无领对襟；右片止口夹缝斜丝扣袢，左襟夹缝底襟；前后衣身均有腰省；衣身下摆为裙状，大小可根据个人喜好进行增减；袖子为一片袖，袖山处加入褶皱量可适当增减，袖口为散口状；衣摆为前长后短的造型。

效果图

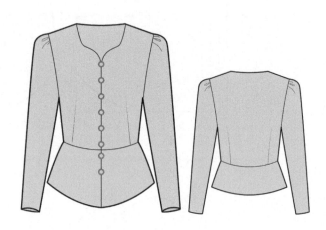

款式图

🔹 规格确定

单位：cm

衣长	61
肩宽	39
胸围	94
袖长	58
袖口	25（一圈）

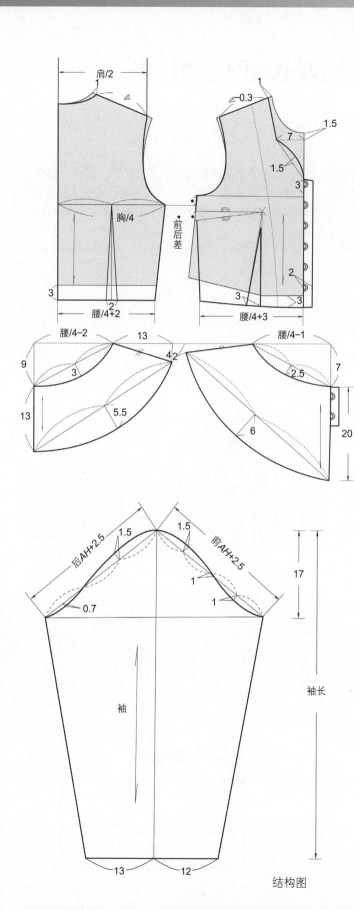

结构图

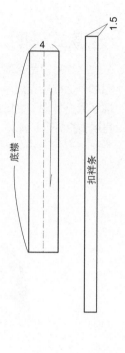

← **裁剪片数**

前身上片	2片
后身上片	1片（整）
前身下片	2片
后身下片	1片（整）
袖片	2片
过面片	2片
底襟片	1片
扣襻条	1片

实例 2-11　前襟褶皱花边式长袖衬衫

◀ 款式说明：

　　此款衬衫宽松度适中，由前身、后身、袖子和领子及花边五部分组成。其特点是整个前襟和领子上口被花边所覆盖；前身门襟止口处夹缝扣袢及底襟；后衣身有破背缝；领子为立领；袖子为一片袖；袖口用袖头收紧；前后衣身有腰省，裁剪时注意前片腋下省道合并的同时将前身腰省打开。

效果图

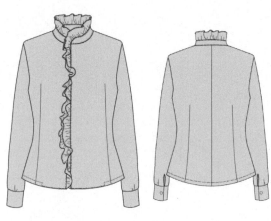

款式图

◀ 规格确定

单位：cm

衣长	58
肩宽	38
胸围	100
袖长	56
袖口	23（含搭门）

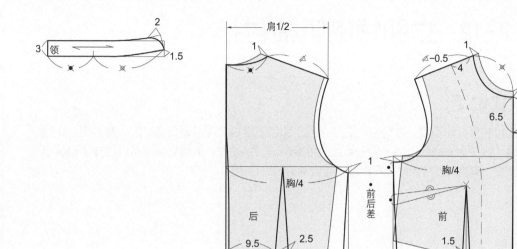

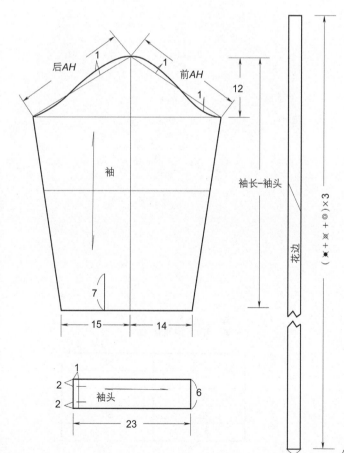

裁剪片数

前衣片	2 片
后衣片	2 片
袖片	2 片
领里片	1 片（整）
领面片	1 片（整）
过面片	2 片
袖头	4 片
袖衩条	2 片
底襟	1 片
花边	1 片

结构图

实例 2-12　立翻领喇叭袖衬衫

款式说明：

　　此款衬衫是合体造型，由前身、后身、袖子和领子组成。前身领口呈V形，有搭门、单排扣共四粒；领子为立翻领；袖子为一片袖的拼接喇叭口式袖型，接缝处装饰可以选择本料或丝带进行装饰，喇叭口部分也可以采用本料或蕾丝面料进行拼接。

效果图

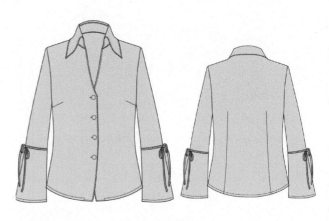

款式图

规格确定

单位：cm

衣长	60
肩宽	38
胸围	94
袖长	60
袖口	35（一圈）

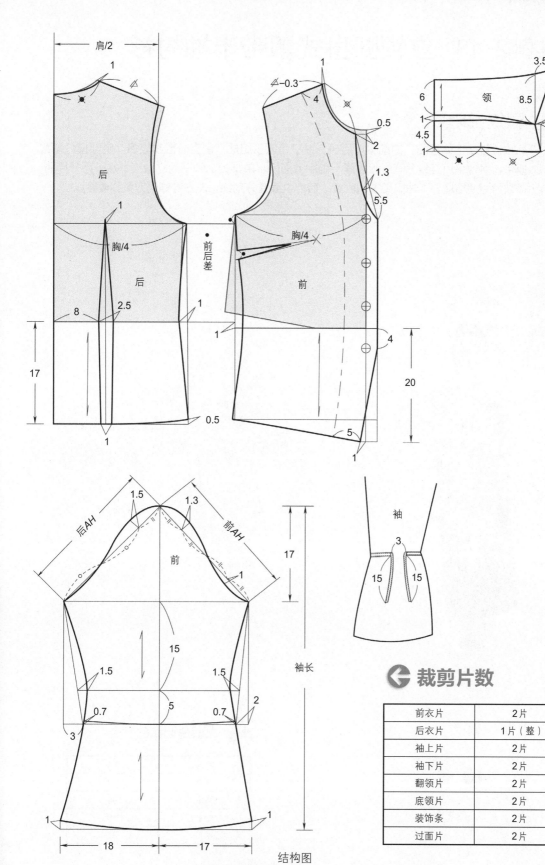

结构图

裁剪片数

前衣片	2 片
后衣片	1 片（整）
袖上片	2 片
袖下片	2 片
翻领片	2 片
底领片	2 片
装饰条	2 片
过面片	2 片

实例 2-13　立领断身式飘带半袖衬衫

款式说明：

　　此款衬衫是合体造型，由前身、后身、袖子和领子组成。前身分割线较多，胸部横分割线加入飘带，腰部采用竖线分割进行收腰，前中有搭门、单排扣；领子为立翻领；袖子为一片袖，袖山褶皱为泡泡袖造型，袖口用袖头收紧；后片中缝有分割线，左右对称用刀背线收腰。

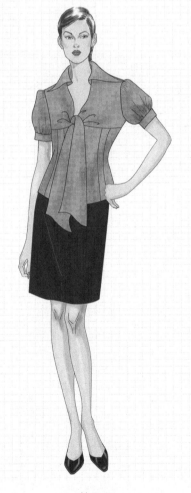

效果图

款式图

规格确定

单位：cm

衣长	54
肩宽	38
胸围	94
袖长	19
袖口	30

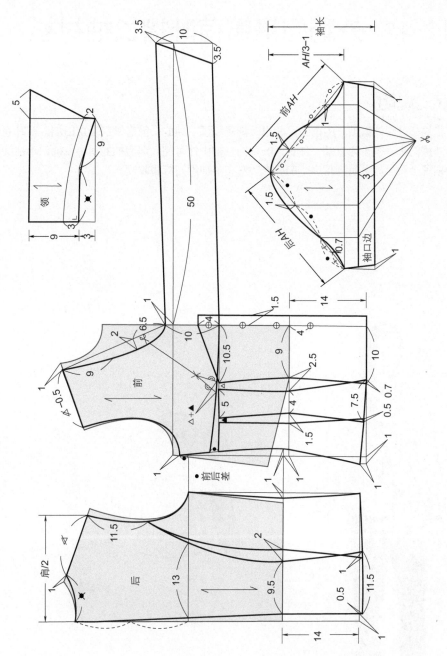

🔙 裁剪片数

前片	各2片（共4片）
后中片	2片
后侧片	2片
袖片	2片
袖头片	2片（里、面）
领面片	1片（整）
领里片	1片（整）

结构图

实例 2-14　外翻门襟镶荷叶褶长袖衬衫

款式说明：

　　此款衬衫是合体造型，由前身、后身、袖子和领子组成。前身领口及止口加入荷叶褶皱片；前襟为外翻门襟；领子为立领；袖子为一片袖，袖山处可加入泡泡袖的褶量，袖口用袖头收紧；袖头及领子上口可加入装饰花边；前后衣片左右对称用刀背线收腰。

效果图

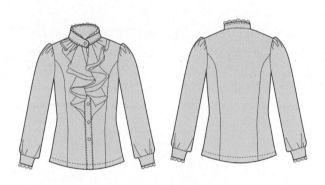

款式图

规格确定

 单位：cm

衣长	60
肩宽	37
胸围	94
袖长	58
袖口	24

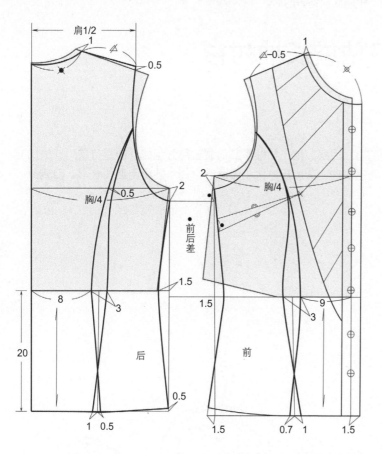

裁剪片数

前衣片	2片
后衣片	1片（整）
前侧片	2片
后侧片	2片
领片（整）	2片
门襟片	2片
袖片	2片
袖头片	2片
荷叶边	2片
袖衩条	2片

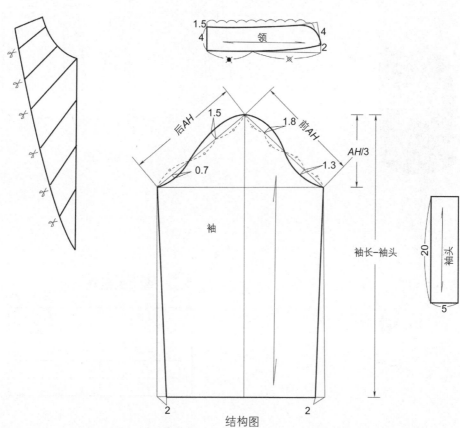

结构图

实例 2-15 落肩贴袋长袖衬衫

● 款式说明：

　　此款衬衫是宽松造型，由前身、后身、袖子和领子及口袋五部分组成。前身有搭门、单排暗门襟；领子为立翻领；袖子为落肩袖，落肩尺寸大小可适当选择；袖口用袖头收紧；口袋有袋盖。

效果图

款式图

● 规格确定

单位：cm

衣长	68
肩宽	38（落肩量6）
胸围	102
袖长	60
袖口	22

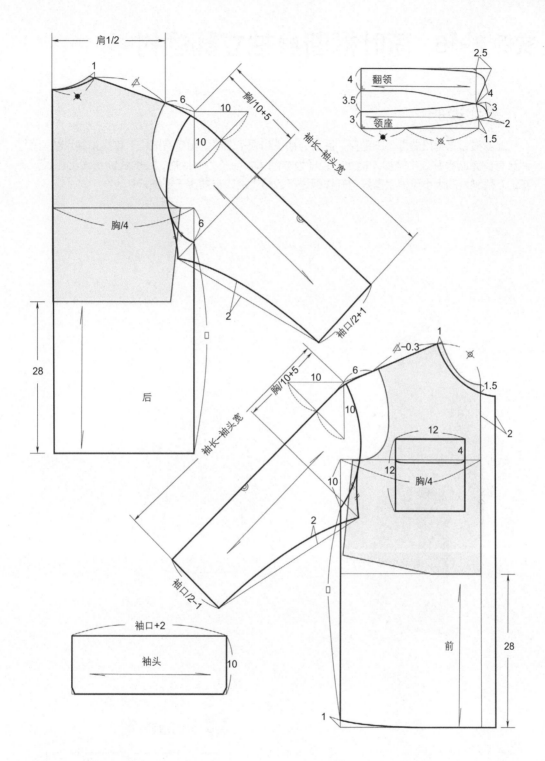

结构图

裁剪片数

前衣片	2片	袖片	2片	领面片	2片	袋盖	4片
后衣片	1片（整）	底领片	2片	袖头片	4片	贴袋	2片

实例 2-16　荷叶褶断身袖立翻领衬衫

← 款式说明：

　　此款衬衫是宽松造型，由前身、后身、袖子和领子组成。前身有搭门、单排扣共六粒扣子；后身有育克断身并在中缝加入褶量；领子为立翻领；袖子为一片袖，在斜线断身线上加入荷叶花边，褶皱量的大小可根据喜好剪开样板进行裁剪；袖口有袖头无褶皱。

效果图

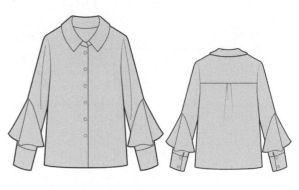

款式图

← 规格确定

单位：cm

衣长	62
肩宽	38
胸围	104
袖长	58
袖口	24（含搭门）

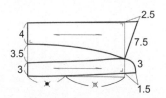

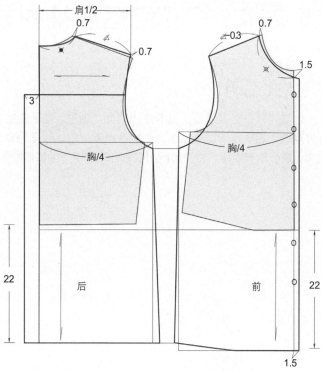

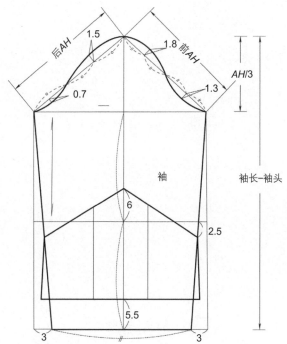

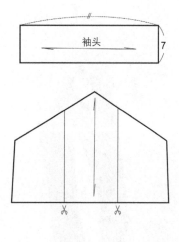

← **裁剪片数**

前衣片	2片	袖上片	2片	翻领片	2片	袖饰片	2片	后过肩	1片（整）
后衣片	1片（整）	袖下片	2片	底领片	2片	袖头片	2片	袖衩条	2片

结构图

实例 2-17　打花结落肩袖衬衫

　　此款衬衫是宽松造型，由前身、后身、领子、袖子四部分组成。前身有搭门、单排扣可制作外翻边；后衣身下摆圆摆较大；后衣身有过肩；领子为立翻领；袖子为一片袖，落肩尺度比较大，前后袖有中缝，制作时留出10cm开衩量；袖口用袖头收紧。

款式图

效果图

◀ 规格确定

单位：cm

衣长	70
肩宽	38（落肩量13）
胸围	126
袖长	62
袖口	24

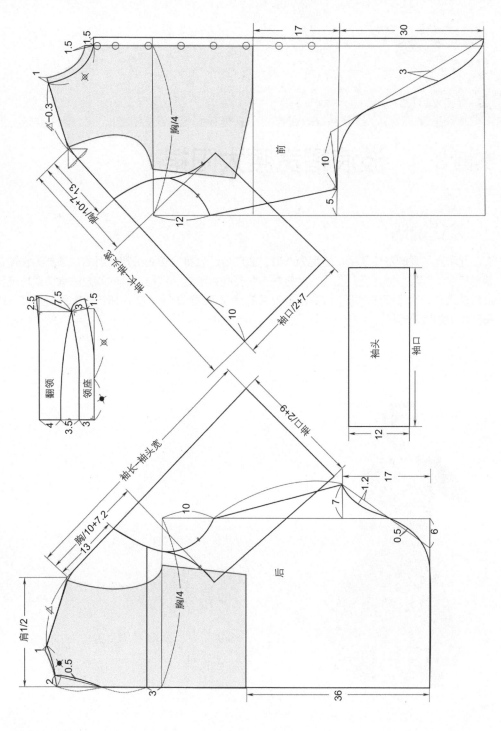

裁剪片数

前衣片	2片	前袖片	2片	翻领片	2片（整）	后过肩片	2片（整）
后衣片	1片（整）	后袖片	2片	领里片	2片（整）	袖头片	2片（里、面）

结构图

第3章
短裙制板与裁剪

实例 3-1　波浪褶宽腰太阳裙

款式说明：

　　此款裙子是圆形伞状裙，造型为A形，由前身、后身、腰头三部分组成。腰部无省道，无臀围尺寸；前身为整片无分割线；后身左右分开在中缝处装拉链，其制作方法有普通拉链和隐形拉链之分，也可装在侧面；腰头部位尺寸的宽窄可适当减小，图中所标注为最宽尺寸，采用直丝腰头的裁剪用料。

效果图

款式图

规格确定

单位：cm

裙长	60
腰围	68

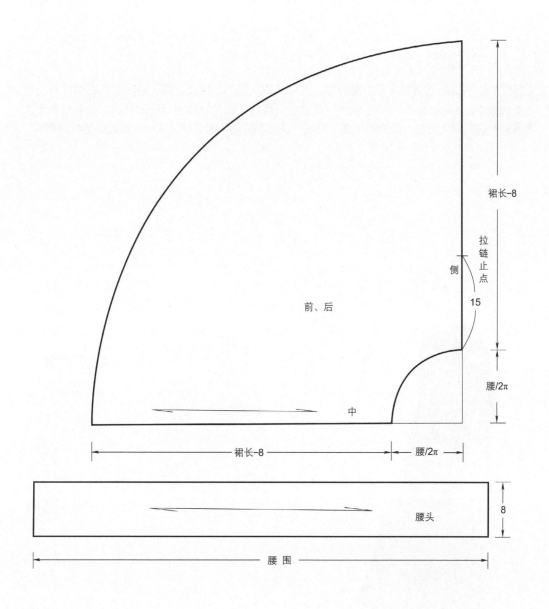

裙长-8

拉链止点

侧

15

前、后

腰/2π

中

裙长-8

腰/2π

腰头

8

腰 围

裁剪片数

前片	1片（整）
后片	2片
腰头	1片（里、面）

结构图

实例3-2 对称倒褶中长裙

款式说明：

　　此款裙子成品造型呈A形，由前身、后身、腰头三部分组成。前、后腰部左右对称各三个省道，省道为倒褶，制作时按图中所注尺寸进行缝合；裁剪制作虽无臀围尺寸，但要根据个人臀围大小适当加大与缩小省道的宽度；隐形拉链装在侧面；腰头部位采用直丝腰头的裁剪用料。

效果图

款式图

规格确定

单位：cm

裙长	70
腰围	68

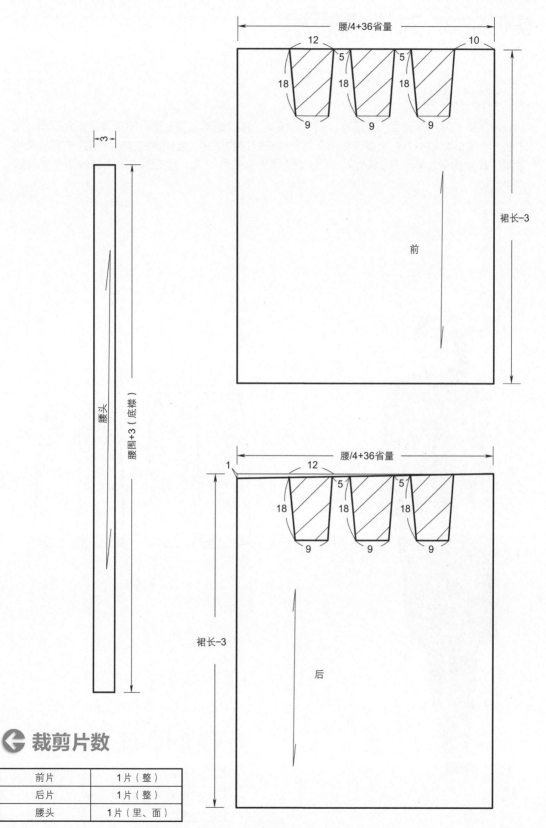

裁剪片数

前片	1片（整）
后片	1片（整）
腰头	1片（里、面）

结构图

实例3-3 对褶裥短裙

款式说明：

　　此款裙子为直身造型，由前身、后身、腰头三部分组成。前、后身的中缝处加入褶裥，左右各一个省道。褶裥是介于省道和褶之间一种有规律的形式，起到省的作用又能产生有规律的效果。此款裙子褶裥制作为对褶，隐形拉链装在裙子的侧面；腰头部位采用直丝腰头的裁剪用料。

效果图

款式图

规格确定

单位：cm

裙长	56
腰围	68
臀围	92

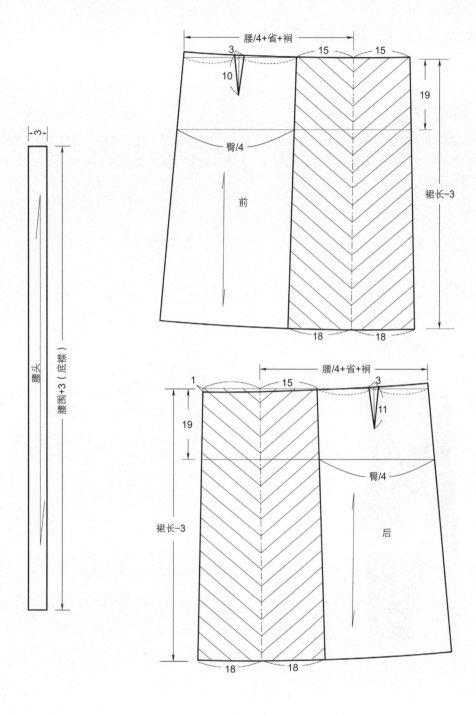

裁剪片数

前片	1片（整）
后片	1片（整）
腰头	1片（里、面）

结构图

实例3-4 后开衩短裙

🔙 **款式说明：**

此款裙子是套装裙中的造型，造型为H形，由前身、后身、腰头三部分组成。前身腰部左右对称各有两个省道，前身为整片无分割线；后身左右分开腰部各有两个省道，在中缝处装拉锁，裙下口加入开衩。

效果图

款式图

🔙 **规格确定**

单位：cm

裙长	62
腰围	70
臀围	94

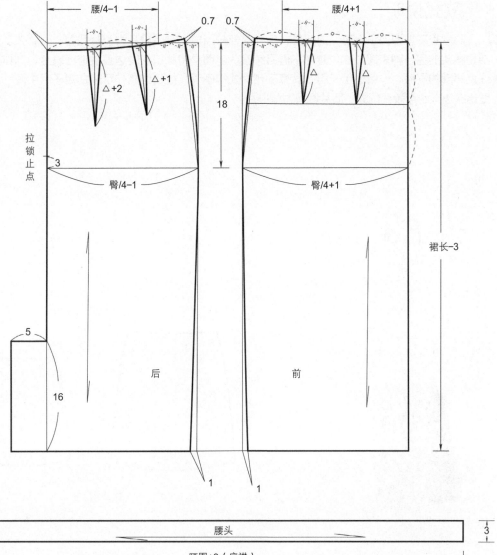

腰/4-1

腰/4+1

0.7　0.7

18

△+2　△+1

△　△

拉锁止点

3

臀/4-1

臀/4+1

裙长-3

5

后

前

16

1　1

腰头

3

腰围+3（底襟）

🔙 裁剪片数

前片	1片（整）
后片	2片
腰头	1片（里、面）

结构图

实例3-5 无腰头小Ａ形短裙

款式说明：

此款裙子造型为小A形，由前身、后身两部分组成。前后裙片为整片裁剪，无腰头。无腰头是腰头的另一种表现形式，腰部不再另绱腰头。而是将腰口与贴边直接进行缝合，制作时应注意腰部的平服，一般适用于男、女裤子和女式裙子等。拉锁的制作可装在裙子后中间，注意留出缝边；也可装在侧缝，后片裁剪为整身片。

效果图

款式图

规格确定

单位：cm

裙长	54
腰围	70
臀围	94

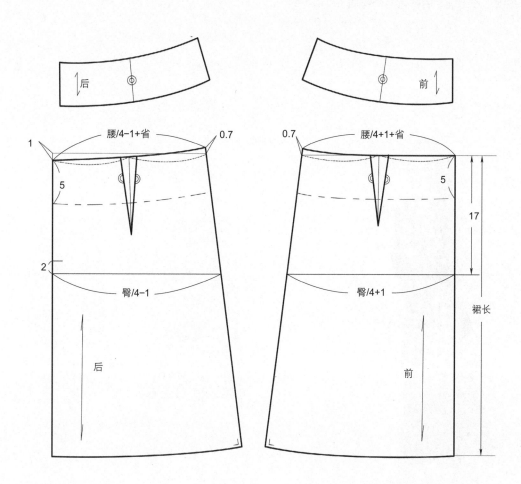

结构图

裁剪片数

前片	1片（整）
后片	2片
前腰贴边片	1片（整）
后腰贴边片	1片（整）

实例3-6 荷叶摆修身短裙

款式说明：

　　此款裙子基础造型为直身H裙，由前身、后身、腰头、裙下摆组成。在直身的基础上加入横断线，在裙下摆处打开并展开下摆增加褶皱量，呈荷叶褶边裙摆；前、后身均为整片，侧开拉锁；腰部前、后各有两个省道。

效果图

款式图

规格确定

单位：cm

裙长	60
腰围	70
臀围	92

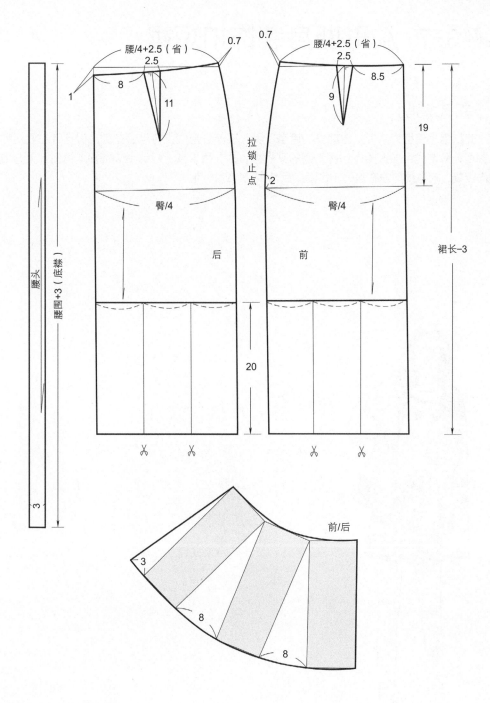

裁剪片数

前片	1片（整）
后片	1片（整）
前下片	1片（整）
后下片	1片（整）
腰头	1片（里、面）

结构图

实例3-7 A形断身装饰扣短裙

款式说明：

此款裙子造型为A形，由前身、后身、腰头三部分组成。特点是在前身设计了左右对称的分割线，分割线中加入腰省和裙下摆的开衩量，并在裙中片上钉缝上装饰扣；裙侧片上方加入横向板袋；后身腰部左右各一个省道；后片中缝绱缝拉锁。

效果图

款式图

规格确定

单位：cm

裙长	45
腰围	70
臀围	92

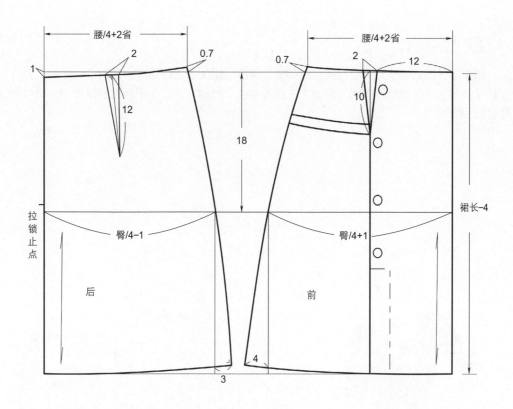

结构图

裁剪片数

前中片	1片（整）
后片	2片
前侧上片	2片
前侧下片	2片
腰头	1片（里、面）
口袋板条	2片

实例3-8　腰部带松紧式直裙

款式说明：

　　此款裙子基础造型为直身H裙，由前身、后身、腰头三部分组成。在直身的基础上侧缝下摆略收；前、后身腰部各有两个省道，在后片中缝上缝制拉链；裙子腰围的侧面加入松紧量是此款裙子的特点。

效果图

款式图

规格确定

单位：cm

裙长	68
腰围	68
臀围	94

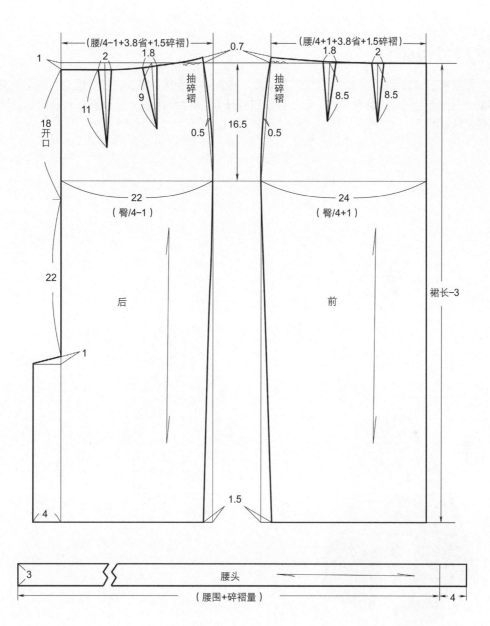

结构图

裁剪片数

前片	1片（整）
后片	2片
腰头	1片（里、面）

实例3-9 前后不对称式双层裙

款式说明：

　　此款裙子是双层圆形裙，造型为A形伞状，由前身、后身、腰头三部分组成。前后为不对称型；腰部无省道，无臀围尺寸；前后身左右裁开；裙前片为打开状。腰头部位在腰围基础上加入蝴蝶结带子。

效果图

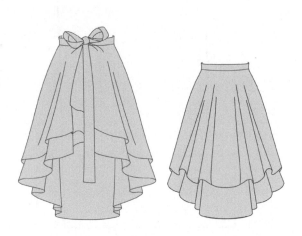

款式图

规格确定

单位：cm

后裙长	76
腰围	72

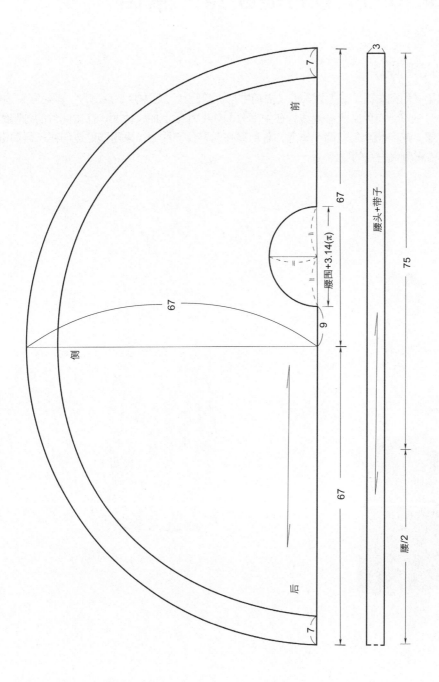

⟵ 裁剪片数

裙上层片	2片
裙下层片	2片
腰头	1片（里、面）

结构图

实例 3-10 A 形对褶断身无腰裙

款式说明：

此款裙子为无腰裙，造型为A形，由前中片、前侧片、后中片、后侧片、前后腰贴边组成。前、后身分别设计有两条竖分割线，在中间分割线的基础上加大裙摆，在裙侧片的分割线中加入对褶裥量；前身腰部各有两个省道，分别藏在两条分割线中；采用腰贴边与裙子腰口进行勾缝；裙子拉链绱缝在裙的侧面。

效果图

款式图

规格确定

单位：cm

裙长	60
腰围	72
臀围	93

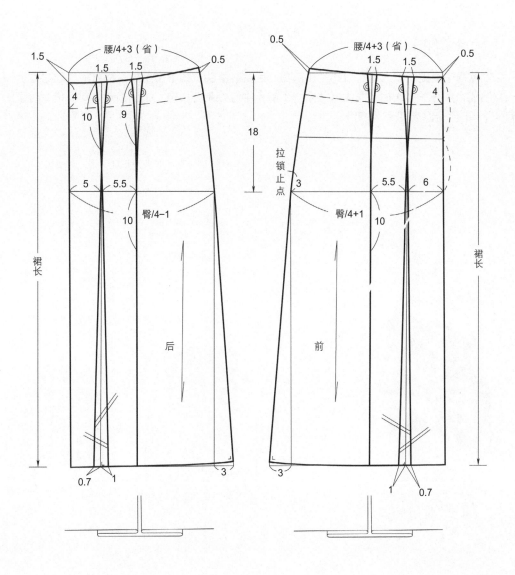

结构图

裁剪片数

前中片	1片（整）
后中片	1片（整）
前侧片	2片
后侧片	2片
前腰贴边	1片（整）
后腰贴边	1片（整）

实例 3-11　斜插袋装饰腰带超短裙

款式说明：

　　此款裙子基础造型为直身H裙，由前身、后身、腰头、裙下摆组成。在直身基础裙摆上加入横断线，展开下摆增加了摆大呈鱼尾状；前身中缝处装缝拉链；裙侧部制作斜插袋；后腰部有两个省道；腰头部位有装饰带。

效果图

款式图

规格确定

单位：cm

裙长	50
腰围	70
臀围	90

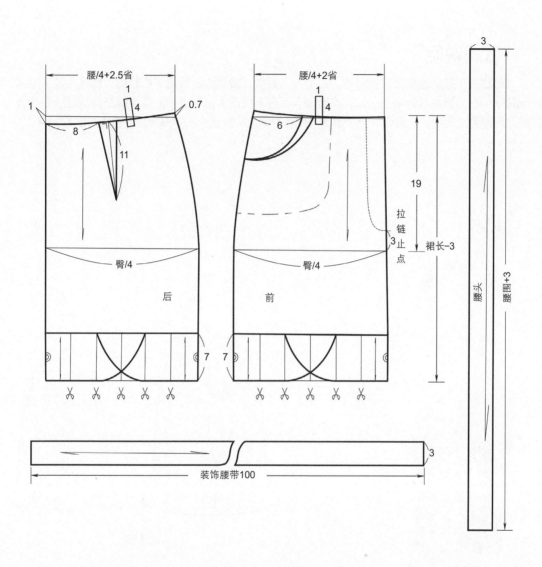

结构图

裁剪片数

前片	2片
后片	2片
前裙摆中片	1片（整）
后裙摆中片	1片（整）
前后裙摆侧片	2片
腰头	1片（里、面）
装饰带	1片（里、面）

实例 3-12　鱼尾式断身高腰裙

款式说明：

　　此款裙子基础造型为直身H裙，由前身、后身、腰贴边、后裙下摆组成。其特点是呈鱼尾状裙摆，在后直身基础裙摆上加入横断线，展开下摆增大裙摆边；前身中缝及侧缝处绘制设计线；腰部为高连腰，前后均有两个省道；在后中缝上装拉链；注意高腰部位省道绘制的特点。

效果图

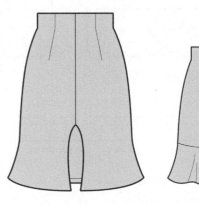

款式图

规格确定

单位：cm

裙长	60
腰围	72
臀围	90

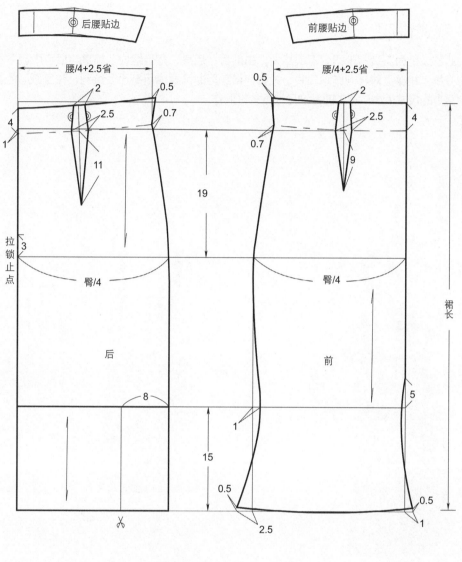

后腰贴边

前腰贴边

腰/4+2.5省

腰/4+2.5省

0.5

0.5

2

2

0.5

0.7

2.5

2.5

4

4

1

0.7

11

9

19

拉锁止点

3

臀/4

臀/4

裙长

后

前

8

5

1

15

5

0.5

0.5

2.5

1

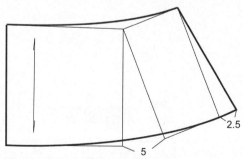

2.5

5

裁剪片数

前片	2片
前腰贴边	1片（整）
后片	2片
后腰贴边	2片
后裙摆片	1片（整）

结构图

实例 3-13 贴袋牛仔背带裙

款式说明：

　　此款造型为工装背带裙，下摆略大，由前身、后身、背带组成。前身与后身中缝下摆均有搭门开衩；裙身上对称制作贴口袋；裁剪背带身型时需要借用身原型绘制，在身原型的基础上绘制背带的尺寸大小，背带的宽窄可根据喜好制作。

效果图

款式图

规格确定

单位：cm

后裙长	84
胸围	88
臀围	100

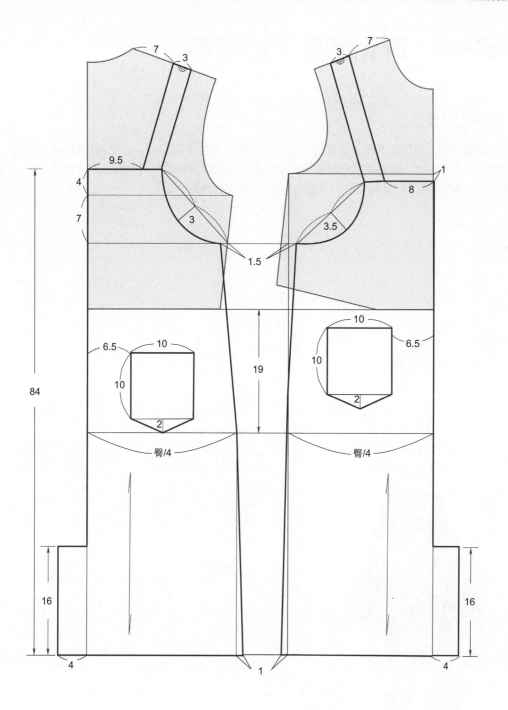

结构图

裁剪片数

前片	2片
前贴袋	2片
后片	2片
后贴袋	2片
前后背带片	2片（里、面）

实例 3-14 育克断身大摆褶裙

⬅ **款式说明：**

　　此款裙子基础造型为A形，由前身、后身、腰头、断身育克组成。在结构图绘制时前身、后身的腰部均有省道，裁剪面料时根据款式要求把样板的断身线裁开并将腰省进行合并；裙子下摆的大小在图中所示位置将样板打开后，可根据喜好设计裙摆尺寸。

效果图

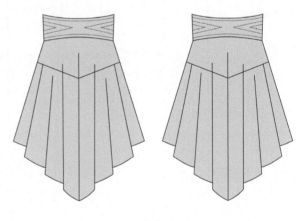

款式图

⬅ **规格确定**

单位：cm

裙长	64
腰围	68
臀围	94

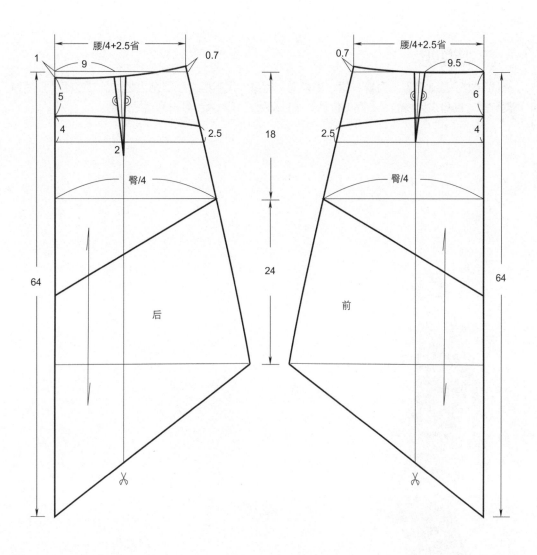

裁剪片数

前腰片	1片（整）
前腰贴边	1片（整）
前育克片	1片（整）
前裙片	1片（整）
后腰片	1片（整）
后腰贴边	1片（整）
后育克片	1片（整）
后裙片	1片（整）

结构图

实例 3-15 不对称无腰头断身褶裙

◀ **款式说明：**

　　此款裙子基础造型为直身H裙，由前身、后身、裙下摆、腰口贴边组成。左右裙片长短为不对称型，断身设计线的左右高低位置、裙摆褶皱打开的大小可根据喜好确定。

效果图

款式图

◀ **规格确定**

单位：cm

裙长	58
腰围	68
臀围	94

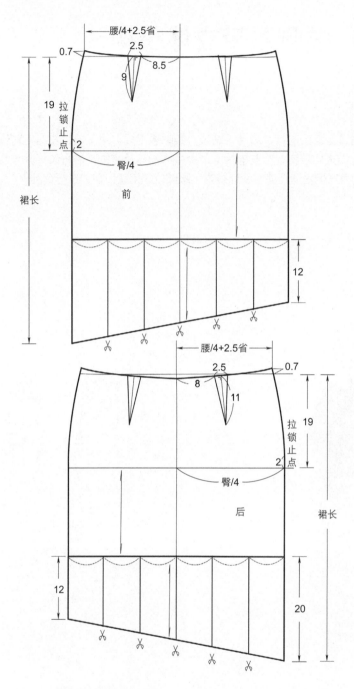

裁剪片数

前片	1片（整）
后片	1片（整）
前下片	1片（整）
后下片	1片（整）
前腰贴边	1片（整）
后腰贴边	1片（整）

结构图

实例 3-16　腰侧系带立体袋裙

📎 款式说明：

　　此款为休闲裙造型，由前片、后片、贴袋、腰贴边组成。裙子前片左右不对称，右片贴缝立体口袋；裙身止口搭门较宽，至左前片；采用金属扣环及装饰带进行装饰并与后身收拢；前后各两个腰省，后身左侧省道转移至设计线内；腰部位采用腰口贴边进行缝制。

效果图

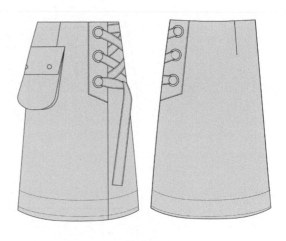

款式图

📎 规格确定

单位：cm

裙长	62
腰围	68
臀围	94

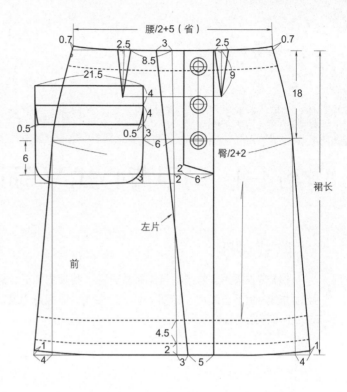

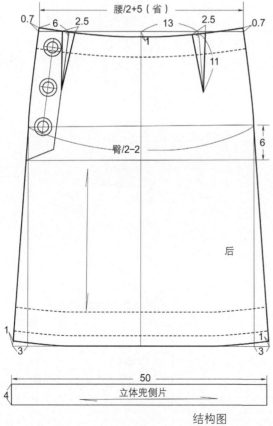

裁剪片数

右前片	1 片
左前片	1 片
后片	1 片（整）
袋盖片	2 片
装饰带	1 片（里、面）
左前腰贴边	1 片
右前腰贴边	1 片
后腰贴边	1 片（整）
贴袋片	1 片
外翻贴门襟片	2 片

结构图

第4章
连衣裙制板与裁剪

实例4-1 马甲背心式 V 领连衣裙

款式说明：

　　此款连衣裙为连腰结构且无领、无袖，裁片由前身、后身、领口贴边及袖窿贴边组成。前身的肋省为腋下省道合并转移；前、后中线均可裁开为装饰线；可在后身中线缝绱拉锁；领口的大小可根据喜好确定尺寸。

效果图

款式图

规格确定

单位：cm

连衣裙长	100
腰围	76
胸围	88
臀围	96

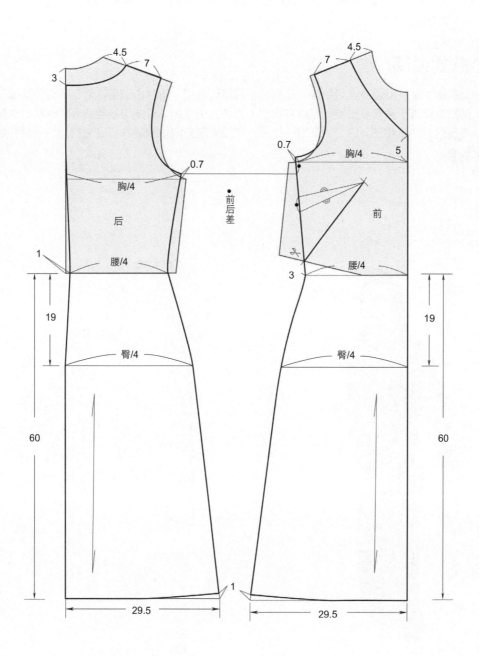

结构图

裁剪片数

前裙片	2片
后裙片	2片
前领口及袖窿贴边	1片（整）
后领口及袖窿贴边	2片

实例 4-2　立领半袖修身长款连衣裙

款式说明：

　　此款造型是H形直身连腰结构、左右摆不对称连衣裙，裁片由前身、后身、领子及袖子组成。前裙身有腋下省道及腰省，后身有腰省；领子为小立领，可选用斜丝裁剪，缝制时注意后身中线缝绱拉锁至领子上口；袖子为一片袖，下口采用分割线裁剪并打开袖口边，或展开或加出褶皱量。

款式图

效果图

规格确定

单位：cm

连衣裙长	110
肩宽	38
胸围	94
臀围	96
袖长	40
袖口	31（一圈）

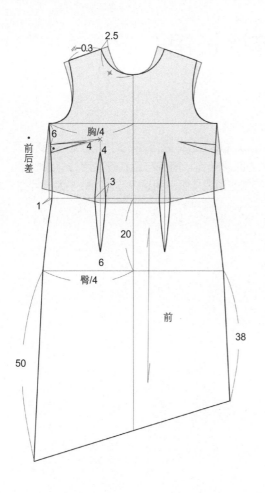

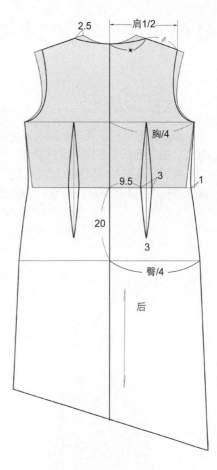

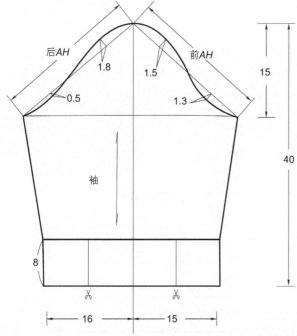

裁剪片数

前裙片	1片（整）
后裙片	2片
领子	2片（整）
袖子	2片
袖口边	2片

结构图

实例4-3 平趴领长袖碎褶长裙

款式说明：

　　连衣裙的结构主要为断腰节和连腰节两大类。款式造型总体是因裙子的长短、围度变化及领型、袖型而产生不同的款式变化。此款连衣裙为断腰结构，前身与后衣身采用刀背线收腰，裙子腰的侧面加入碎褶量以加大裙摆；在侧缝上可制作口袋；领子为趴领造型；袖子为一片袖，袖下口有系扣；裙子拉锁装缝在后中缝处。

效果图

款式图

规格确定

单位：cm

连衣裙长	110
肩宽	37
胸围	94
腰围	76
袖长	53
袖口	22（一圈）

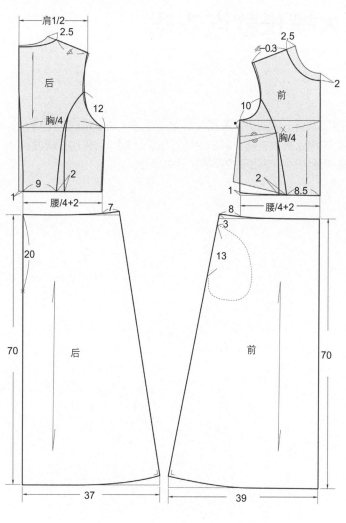

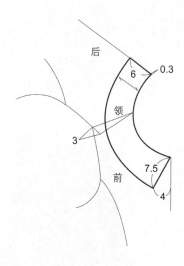

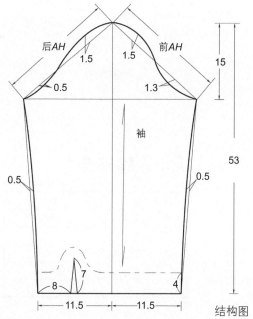

结构图

裁剪片数

前裙片	1片（整）
前刀背	2片
前衣身	1片（整）
后裙片	2片
后刀背	2片
后衣身	2片
口袋布	4片
袖子	2片
领子	4片
袖口贴边	2片
领斜条	1片

实例 4-4 娃娃领大摆长款连衣裙

◀ 款式说明：

此款连衣裙为断腰结构造型。由前衣身、后衣身、前裙、后裙、领子、袖子组成。前身有装饰线；后腰有省道；裙子的腰部有碎褶以加大裙摆；领子为娃娃趴领造型，可采用不同面料进行裁剪；袖子为一片袖，袖口有碎褶缝绱袖头；裙子拉锁缝在后中缝处。

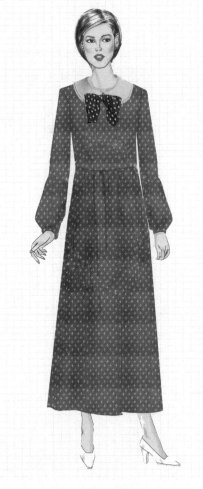

效果图

款式图

◀ 规格确定

单位：cm

连衣裙长	125
肩宽	38
胸围	94
腰围	76
袖长	58
袖口	23（含搭门）

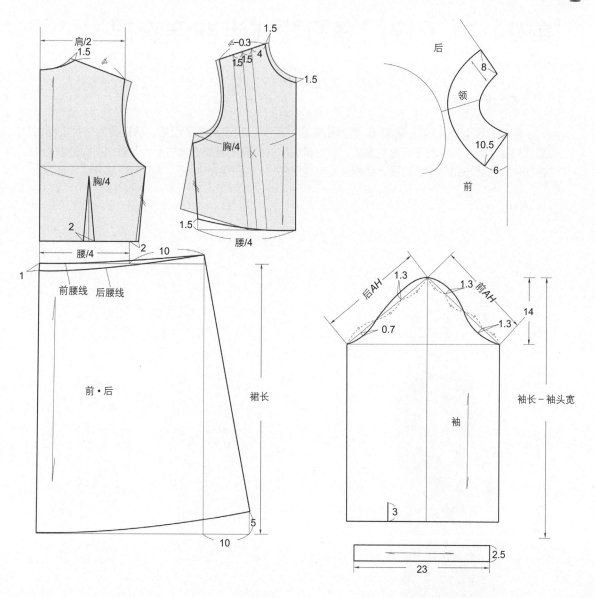

🔙 裁剪片数

前裙片	1片（整）
前衣身	1片（整）
后裙片	2片
后衣身	2片
袖子	2片
领子	4片
袖头	2片
袖衩条	2片
领斜条	1片

结构图

实例4-5　T恤门襟刀背式半袖连衣裙

🔵 款式说明：

　　此款裙属直身连腰结构造型，裁片由前身、后身、领子及袖子组成。前裙身为整片T恤式外翻门襟；领子的表现形式为立翻领，可以根据款式的需要调整领角的形状，展现不同的领型；前身的刀背线与口袋下口的设计线相连并夹缝了贴袋；袖子为一片袖，下口制作成外翻装饰边。

效果图

款式图

🔵 规格确定

单位：cm

连衣裙长	110
肩宽	38
胸围	94
腰围	82
袖长	40
袖口	29（一圈）

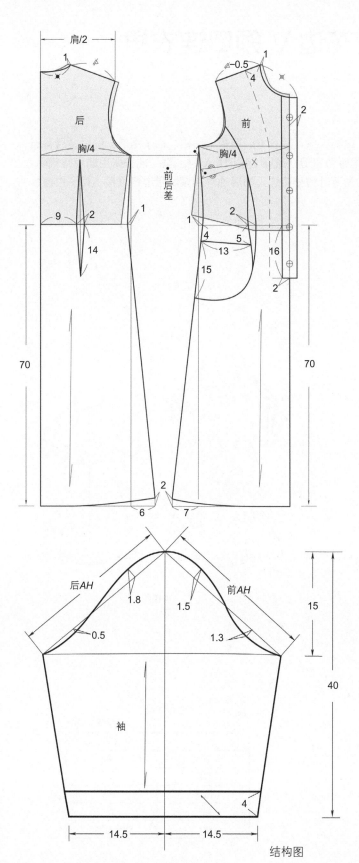

结构图

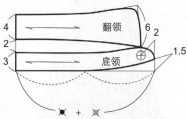

裁剪片数

前裙片	1片（整）
后裙片	1片（整）
门襟外翻边	2片
贴袋片	2片
底领片	2片（整）
翻领片	2片（整）
袖口边片	2片
袖子	2片
刀背片	2片

实例 4-6 荷叶褶花边 V 领口连衣裙

⟵ 款式说明：

　　此款连衣裙为断腰结构造型。由前衣身、后衣身、前裙、后裙、袖子组成。前后腰身有省道；裙子为 90°斜裙造型，整个裙身为 360°裙摆；领口呈 V 领造型；袖子采用插肩袖裁剪，袖口较大；肩部与上臂部位装饰边为荷叶褶皱花边，前后袖片用装饰带进行连接；裙子拉链装缝在后中缝处。

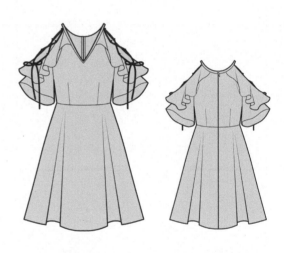

款式图

效果图

⟵ 规格确定

单位：cm

裙长	52
肩宽	38
胸围	94
腰围	74
袖长	33
袖口	52（一圈）

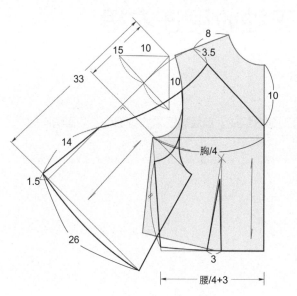

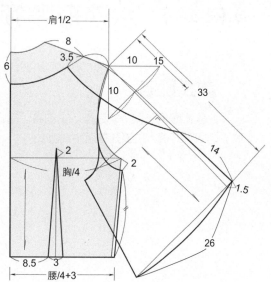

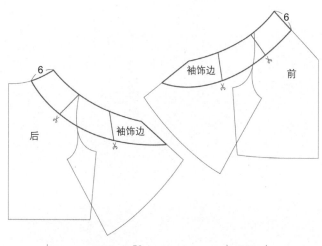

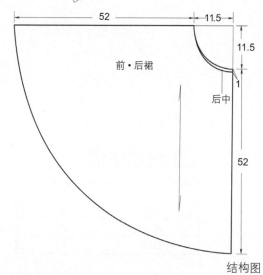

结构图

← 裁剪片数

前裙片	1 片（整）
前衣身	1 片（整）
后裙片	2 片
后衣身	2 片
前袖片	2 片
后袖片	2 片
前袖荷叶边	2 片
后袖荷叶边	2 片
领斜条	1 片
肩装饰带	2 片

实例4-7　水滴形爬领无袖收腰连衣裙

← 款式说明：

　　此款礼服属长款中式造型，由前身、后身两部分组成。前后领子与衣身相连；下摆稍向里收；两侧有开衩；拉锁开在后中线上。

效果图

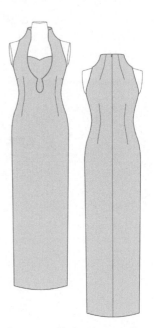

款式图

← 规格确定

单位：cm

裙长	110
胸围	90
腰围	68
臀围	92

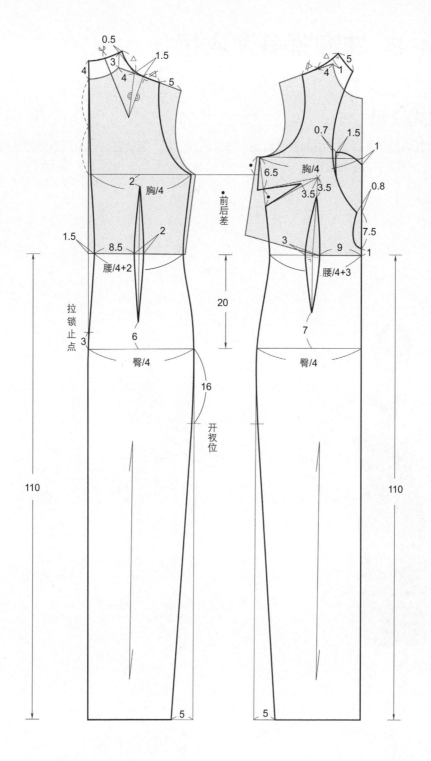

结构图

裁剪片数

前裙片	1片（整）	前贴边片	1片（整）	前胸片	1片（整）
后裙片	2片	后贴边片	2片	前胸贴3	1片（整）

实例4-8 抹胸紧身连衣裙

← 款式说明：

此款礼服属于紧身型，由前身、后身两部分组成。前、后身左右各有两条竖分割线，下摆稍呈A状，拉锁开在后中线上。

效果图

款式图

← 规格确定

单位：cm

裙长	70
胸围	86
臀围	92
腰围	66

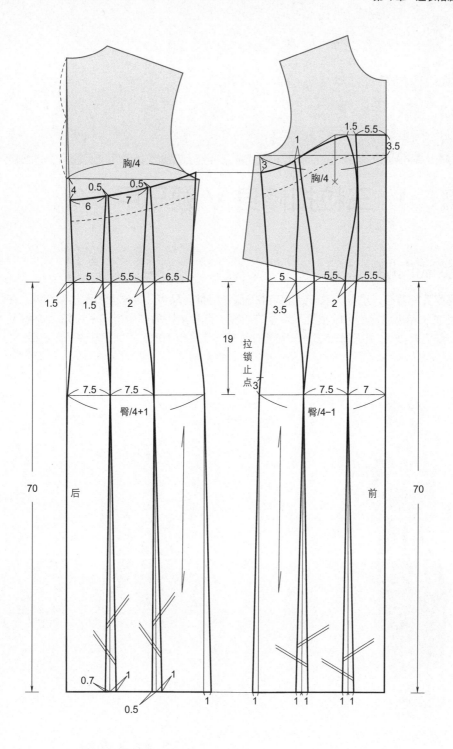

结构图

裁剪片数

前裙中片	1片（整）	前贴边片	1片（整）	前裙侧片（共4片）	各2片
后裙中片	2片	后贴边片	2片	后裙侧片（共4片）	各2片

第5章
马甲制板与裁剪

实例 5-1　三粒扣修身 V 领马甲

款式说明：

马甲又称背心，是春秋季节经常穿用的服装品种，马甲分合体型和宽松型两种，在款式造型方面衣长和小肩宽度可以根据穿用季节而定。此款造型为单排搭门三粒扣、V领口、圆摆、板兜，前后有腰省。根据季节要求，可制作成单、夹马甲；也可根据面料的薄厚选择缝制方法。

效果图

款式图

规格确定

单位：cm

衣长	56
肩宽	36
胸围	95
腰围	82

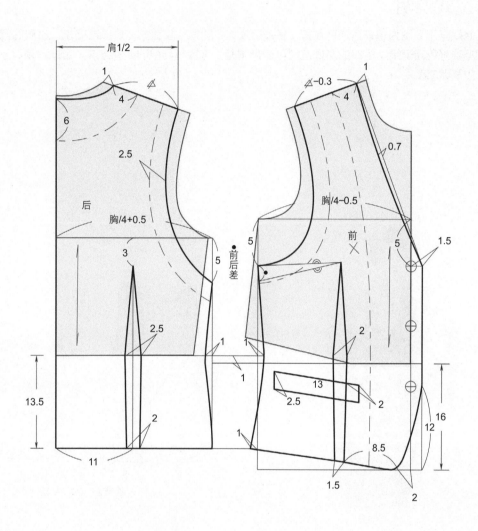

结构图

裁剪片数

前片	2片
后片	1片（整）
前贴边	2片
后领贴边	1片（整）
前袖窿贴边	2片
后袖窿贴边	2片

实例5-2　两粒扣圆摆宽松单马甲

款式说明：

　　此款马甲造型为单排搭门两粒扣，∨领口较大，圆摆，袋盖挖兜，腰部略松。小肩的宽度可根据喜好确定宽窄；领口的高低造型可适当调整；选择单马甲的缝制方法，止口、领口及袖窿贴边裁剪成整片。

效果图

款式图

规格确定

单位：cm

衣长	54
小肩宽	4
胸围	94

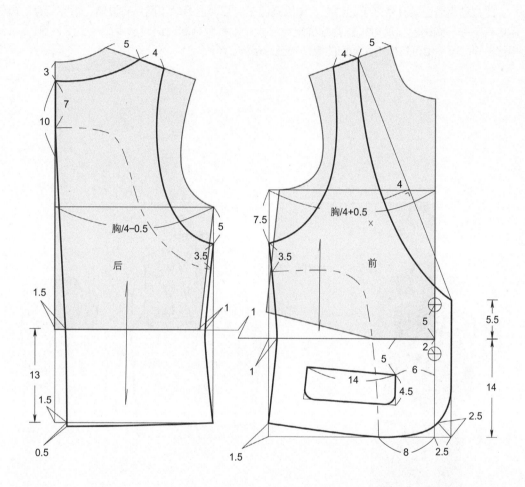

结构图

裁剪片数

前片	2片
后片	2片
前贴边	2片
后贴边	1片（整）
口袋盖片	4片
口袋牙片	2片

实例 5-3　牛仔式西装领马甲

⬅ 款式说明：

　　此款马甲造型具有牛仔装的特点，单排搭门三粒扣、西装领；前后有过肩、育克断身；袋盖内有挖兜。胸围的松度可根据喜好确定尺寸大小；裁剪缝制时面料选择比较宽泛，棉、麻、牛仔布等均可；也可选择不同颜色的缝纫线进行修饰。

效果图

款式图

⬅ 规格确定

单位：cm

衣长	53
肩宽	37
胸围	100

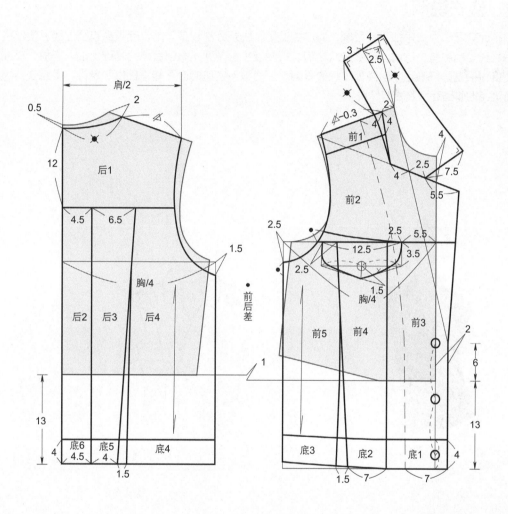

裁剪片数

前 1～5 片	各 2 片	后 1、2 片	各 1 片（整）	前袖窿贴边	2 片
过面贴边	2 片	后 3、4 片	各 2 片	后袖窿贴边	2 片
袋盖片	4 片	领面片	1 片（整）	领里片	1 片（整）
衣底摆贴边 （底 1～6 拼合为整片）	2 片				

结构图

实例 5-4　双排扣过肩断身式马甲

🔹 款式说明：

　　此款马甲为双排扣、西装领、肩连袖造型，线条分割较多。前、后衣身有公主线、腰部横分割线；前身有小过肩，前襟共八粒扣、板兜及袋盖贴兜；肩部合体的基础上加入连袖，尺寸宽度可根据喜好确定；前身公主线的分割不仅为腋下省道的合并转移提供了条件，而且在腰部可适当地收省起到收腰的作用。

效果图

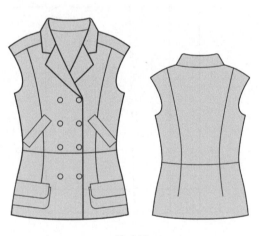

款式图

🔹 规格确定

单位：cm

衣长	66
肩宽	38（连袖4.5）
胸围	94

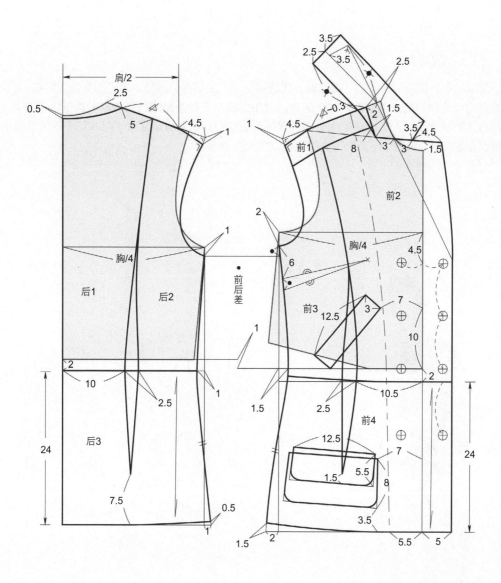

裁剪片数

前1～4片	各2片	前袖隆贴边	2片	板兜片	2片（里、面）
后1、3片	各1片（整）	后袖窿贴边	2片	领里片	1片（整）
后2片	2片	袋盖片	4片	领面片	1片（整）
过面贴边	2片	贴袋片	2片		

结构图

实例 5-5　荷叶褶驳领落肩式马甲

款式说明：

　　此款马甲为宽搭门暗襟扣、蟹钳领、肩连袖造型，由前身、后身、领子前身饰边组成。前、后衣身有公主线，后衣身有破背缝；前身的公主线线条设计为弧线并加入荷叶褶皱的装饰片；肩部合体的基础上加入小连袖；衣身的下摆在公主线的基础上增加摆大；荷叶花边的尺寸大小可根据喜好打开，缝制中可选择不同的面料以增加活泼感。

效果图

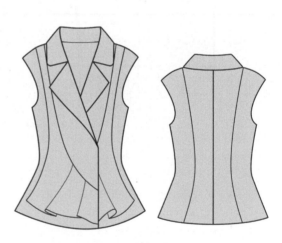

款式图

规格确定

单位：cm

衣长	60
肩宽	38（连袖4）
胸围	94

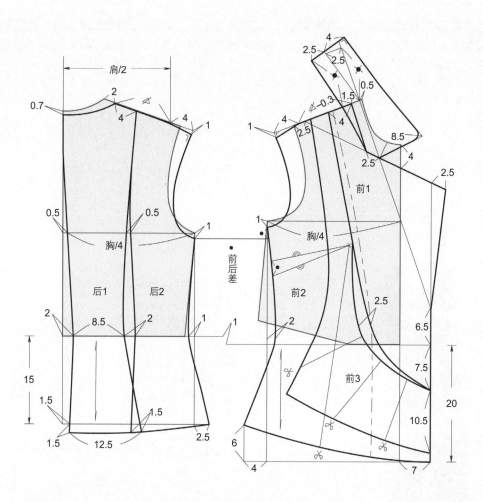

裁剪片数

前1片	2片	后1片	2片	前后袖窿贴边	各2片
前2片	2片	后2片	2片	领里片	1片（整）
前3片	2片	过面贴边	2片	领面片	1片（整）

结构图

实例 5-6　圆领双色短马甲

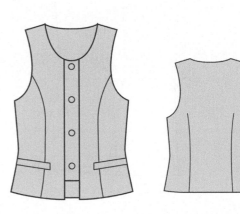

款式说明：

　　此款马甲造型为圆领口，四粒单排扣，由前身、后身、前门襟、板兜组成。前身为刀背线，后有腰省；口袋为板兜。根据季节要求，可制作成单、夹马甲；也可根据面料的薄厚选择缝制方法。

效果图

款式图

规格确定

单位：cm

衣长	55
小肩宽	34
胸围	94

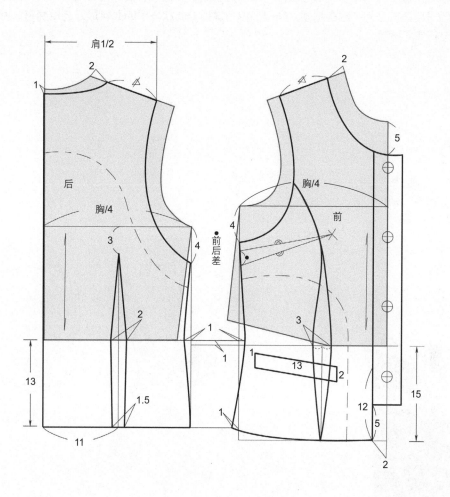

裁剪片数

前片	2片
后片	1片（整）
前贴边	1片
后领贴边	2片
前袖窿贴边	2片
后袖窿贴边	2片

结构图

实例 5-7 连领圆摆饰边系带马甲背心

◀ 款式说明：

　　此款马甲造型为衣连领、圆摆造型，由前身、后身、腰带、装饰花边组成。前、后身为刀背线；领子与前衣身相连成立翻领，领口部位有省道。此款马甲的面料最好选用棉布、麻布及牛仔布进行单层缝制。

效果图

款式图

◀ 规格确定

单位：cm

衣长	55
肩宽	34
胸围	90

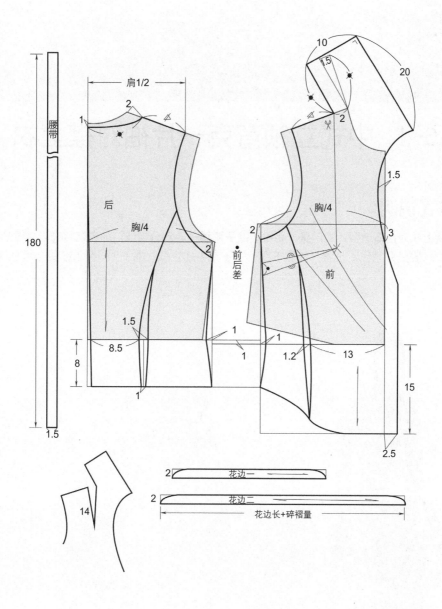

◀ **裁剪片数**

前、侧片	各2片
后、侧片	各2片
止口贴边	2片
腰带	1片
长、短花边	各2片
前、后袖窿贴边	各2片

结构图

第6章
上衣制板与裁剪

实例 6-1　中式立领育克一片袖对襟上衣

款式说明：

　　此款上衣为合体造型，由前身、后身、袖子和领子四部分组成。前身有斜线与竖线分割线，后身有横、竖线分割线；收腰并加放下摆；领子为中式立领；袖子为一片圆装袖，稍呈喇叭口造型。

效果图

款式图

规格确定

单位：cm

衣长	56
肩宽	39
胸围	96
袖长	62

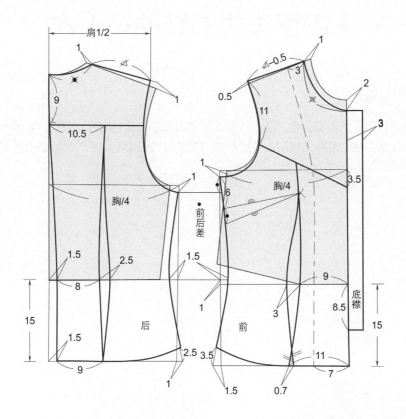

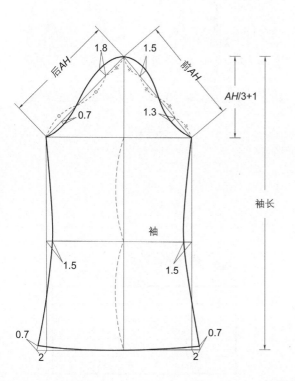

结构图

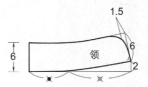

裁剪片数

前上片	2片
前中片	2片
前侧片	2片
底襟片	1片（里、面）
后上片	1片（整）
后中片	2片
后侧片	2片
前贴边片	2片
袖片	2片
领里片	1片（整）
领面片	1片（整）
后贴边片	1片（整）

实例 6-2　无领镶边式圆装袖短上衣

🔶 款式说明：

　　此款上衣为四开身造型，由前身、后身、袖子和领子四部分组成。前、后衣身有刀背分割线；圆领口；圆装袖；前身无搭门；门襟与领口及袖口边选用不同色的材料进行拼接；可选用毛呢面料裁剪制作。

效果图

款式图

🔶 规格确定

单位：cm

衣长	60
肩宽	39
胸围	100
袖长	56
袖口	13.5

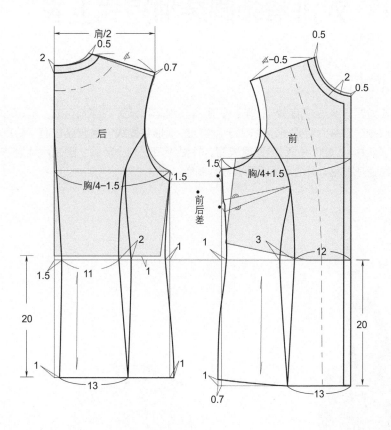

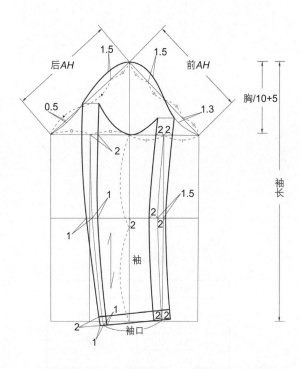

结构图

裁剪片数

前片	2 片
前刀背片	2 片
前襟及领拼片	2 片
过面片	2 片
后片	2 片
后刀背片	1 片
大袖片	2 片
袖片拼片	2 片（整）
小袖片	2 片
后领拼片	1 片（整）
后贴边片	1 片（整）

实例6-3 双排窄领圆装袖短式上衣

⟨ 款式说明：

　　此款上衣为四开身短款造型，由前身、后身、袖子和领子四部分组成。前、后衣身长度至腰节部位，双排搭门共六粒扣子；由领口至腰线的弧形分割线内含收腰省道；前身将腋下省合并之后将省量转移到腰部；领口的宽度较宽，并沿领口配制小窄领；圆装两片袖并加缝袖口装饰祥；口袋为竖开线兜；可选用毛呢面料裁剪制作。

效果图

款式图

⟨ 规格确定

单位：cm

衣长	40
肩宽	39
胸围	94
袖长	57
袖口	13

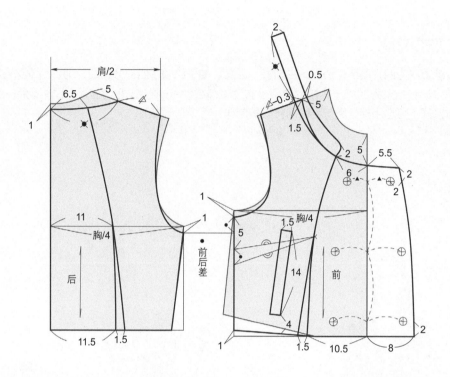

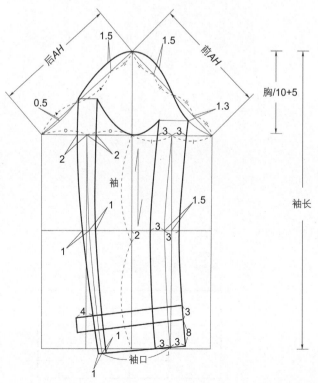

结构图

裁剪片数

前片	2片
前侧片	2片
过面片	2片
后片	1片（整）
后侧片	2片
领面片	1片（整）
小袖片	2片
大袖片	2片
领里片	1片（整）
袖口衬	4片
垫袋布	2片
兜牙片	2片

实例6-4　燕领直摆三粒扣女上衣

🔙 款式说明：

　　此款上衣为四开身合体造型，由前身、后身、袖子和领子四部分组成。前、后衣身有腰省；燕领单排三粒扣；为圆装一片袖，袖口有省道；口袋为单开线挖兜；前身腋下省道合并的同时将腰省打开；可选用棉、麻、毛呢面料裁剪制作。

效果图

款式图

🔙 规格确定

单位：cm

衣长	55
肩宽	39
胸围	94
袖长	55
袖口	13.5

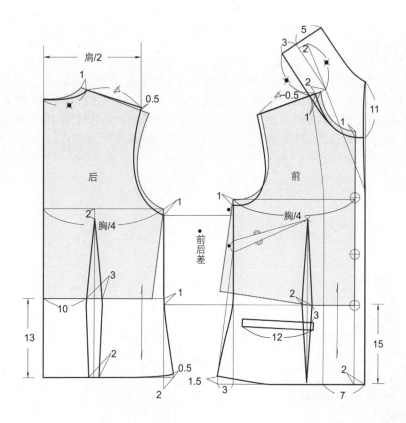

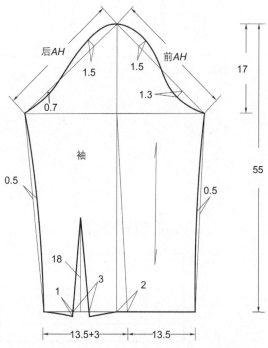

结构图

裁剪片数

前片	2 片
后片	1 片（整）
袖片	2 片
过面片	2 片
袋牙布	2 片
垫兜布	2 片
底领	1 片（整）
领面	1 片（整）

实例6-5　镶牙装饰边翻领短上衣

 款式说明：

　　此款上衣为四开身合体造型，由前身、后身、袖子和领子四部分组成。前、后衣身有刀背线；翻领无搭门、领角可尖可圆；袖子为圆装两片袖；口袋为单开线挖兜；前身腋下省道合并的同时将腰省打开；此款的制作特点为选用与上衣协调的素色斜条面料并内裹线绳夹缝在衣身前襟、领外口边、衣襟底边及袖口部位，可选用棉、麻、毛呢面料裁剪制作。

效果图

款式图

⬅ 规格确定

单位：cm

衣长	60
肩宽	39
胸围	100
袖长	56
袖口	13

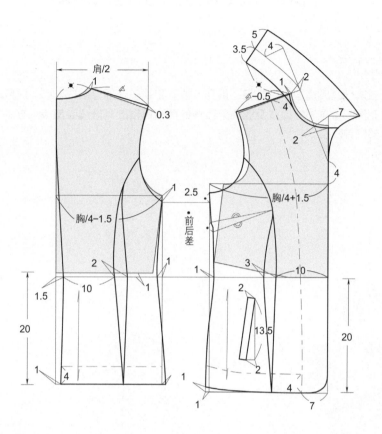

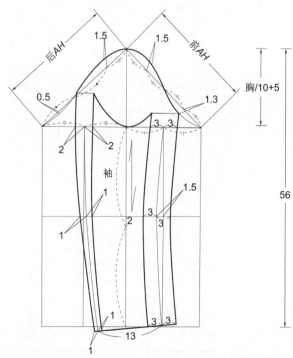

结构图

裁剪片数

前片	2 片
前侧片	2 片
后片	2 片
大袖片	2 片
小袖片	2 片
后侧片	2 片
袋牙布	2 片
垫兜布	2 片
过面片	2 片
底领	1 片（整）
领面	1 片（整）
斜条布	多条（拼接）

实例6-6 对襟西装领刀背缝上衣

款式说明：

此款上衣属西装领造型，由前身、后身、袖子和领子四部分组成。前、后身均采用刀背线收腰；前片无搭门；领子外口线及驳头外口线的宽窄可根据喜好适当加减尺寸；袖子为两片圆装袖，袖口部位有开衩。

效果图

款式图

规格确定

单位：cm

衣长	58
肩宽	40
胸围	96
袖长	60
袖口	14

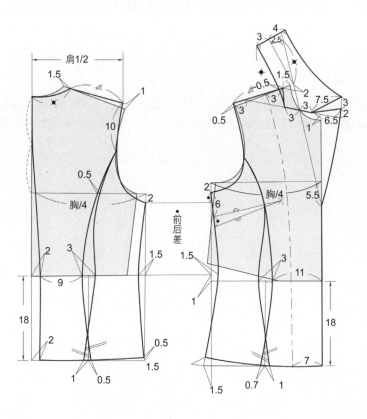

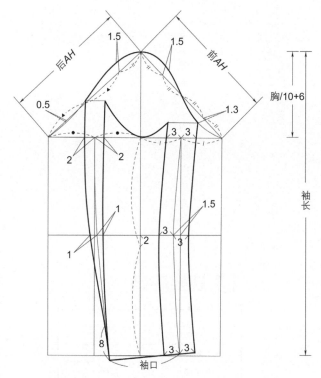

结构图

裁剪片数

前片	2片
前侧片	2片
后片	2片
后侧片	2片
领面片	1片（整）
领里片	1片（整）
过面片	2片
大袖片	2片
小袖片	2片

实例6-7　青果领圆摆小喇叭袖型短上衣

款式说明：

　　此款上衣为短款青果领造型，由前身、后身、袖子和领子四部分组成。前身有弧线分割装饰线；腋下有明省道；后身有横分割装饰线；领子为开门翻驳领；袖子为两片圆装袖袖口稍呈喇叭口造型。

效果图

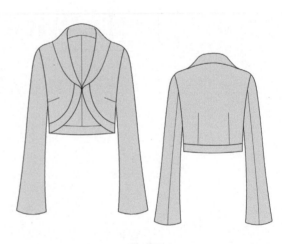

款式图

规格确定

单位：cm

衣长	40
肩宽	39
胸围	94
袖长	65

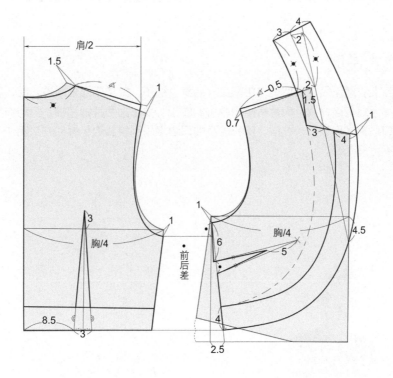

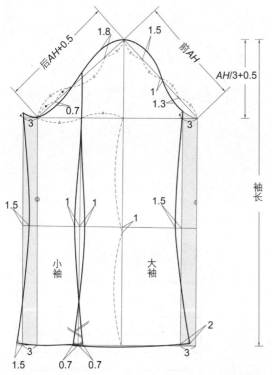

结构图

裁剪片数

前片	2片
前拼缝片	2片
后片	1片（整）
后拼缝片	1片（整）
大袖片	2片
小袖片	2片
领面及过面片	2片
领里片	1片（整）

实例6-8 绲边式 V 领圆摆毛呢上衣

⬅ 款式说明：

此款上衣属无领合身造型，由前身、后身、袖子、口袋四部分组成。前、后身均采用刀背线收腰；后背有破背缝；前片有搭门单排四粒扣；袖子为两片圆装袖。其制作特点为：整个上衣的外口边为 V 形领口，圆摆、口袋盖及袖口边均采用斜丝边包裹的方法制作；裁剪时均为净粉边，不用留缝份。

效果图

款式图

⬅ 规格确定

单位：cm

衣长	57
肩宽	40
胸围	98
袖长	57
袖口	13

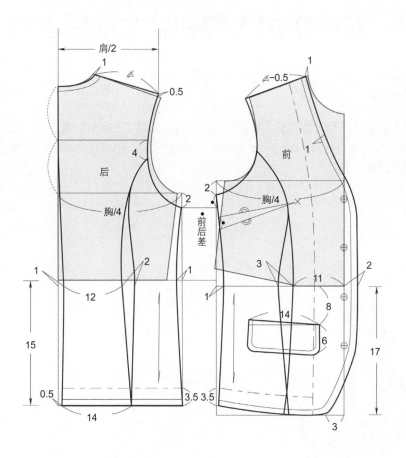

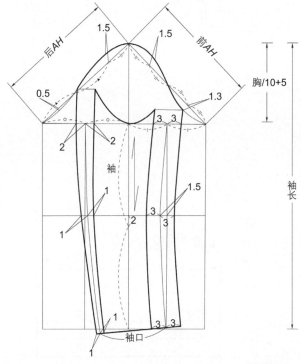

结构图

裁剪片数

前片	2 片
前侧片	2 片
后片	1 片（整）
后侧片	2 片
后领贴边片	1 片（整）
大袖片	2 片
小袖片	2 片
领面片	2 片
袋盖、袋牙片	各 2 片

实例 6-9　双排暗扣大翻领公主线短上衣

款式说明：

　　此款上衣属夹克式造型，由前身、后身、袖子、领子和腰带五部分组成。前、后身均采用竖线收腰；腰部有腰带，宽为4.5cm、长为160cm的直丝条；前身驳领较宽，双排暗扣宽搭门；袖子为两片圆装袖造型。

效果图

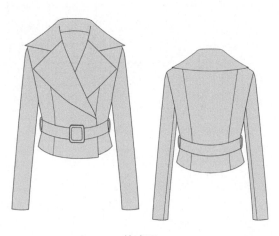

款式图

规格确定

单位：cm

衣长	52
肩宽	40
胸围	98
袖长	60
袖口	14

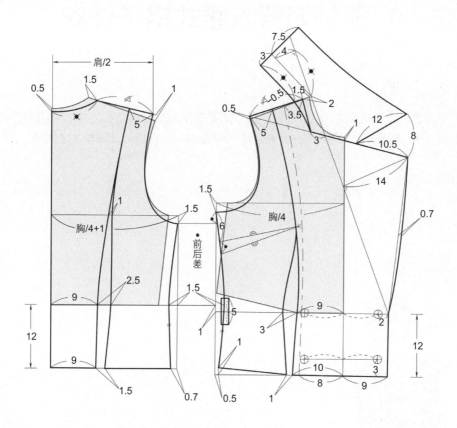

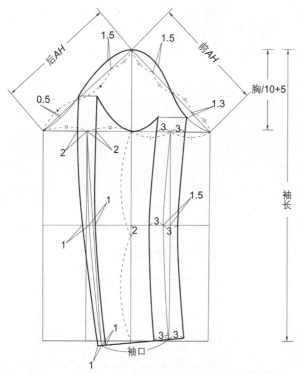

结构图

 裁剪片数

前片	2片
前侧片	2片
后片	1片
后侧片	2片
大袖片	2片
小袖片	2片
领面片	1片
领里片	1片
过面片	2片
腰带祥、腰带片	2片、1条

实例 6-10　爬领刀背收腰式格子外衣

　　此款上衣为四开身结构，利用刀背分割线收腰突出服装的立体感。在制作中要注意把握女装造型的挺括、袖子的圆顺等一系列要点。爬领和缝内插兜的缝制工艺是此款的特点。

效果图

款式图

规格确定

单位：cm

衣长	66
肩宽	40
胸围	10
袖长	55
袖口	13.5

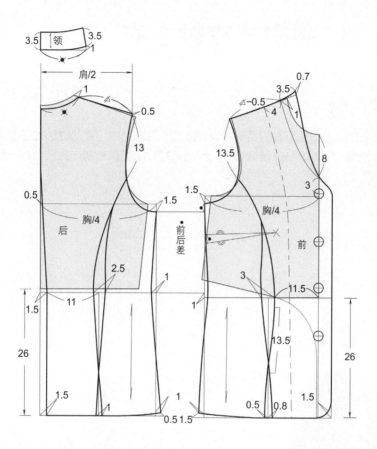

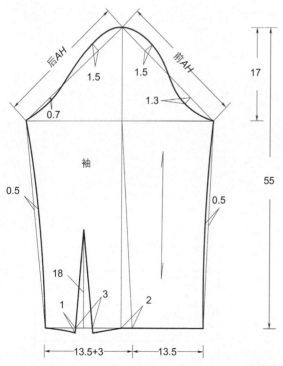

结构图

裁剪片数

前片	2片
前侧片	2片
袖片	2片
过面片	2片
垫兜布	2片
后片	2片
后领片	2片（整）
后侧片	2片

实例 6-11　斜襟式立领上衣

款式说明：

　　此款上衣的暗门襟是门襟的另一种表现形式，特指上衣门襟部位的扣子不外露。由于制作上衣时一般使用较厚的面料并带有衬布，因此与衬衫暗门襟在制作方法上有一定的区别，并且相对复杂一些。

效果图

款式图

规格确定

单位：cm

衣长	58
肩宽	40
胸围	92
袖长	55
袖口	14

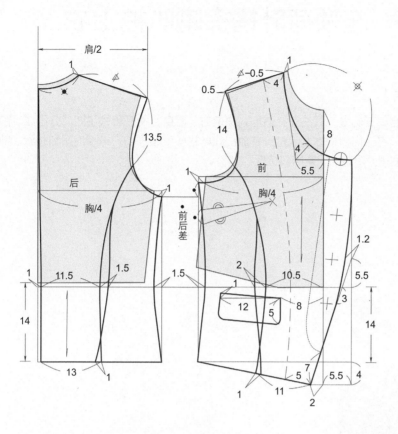

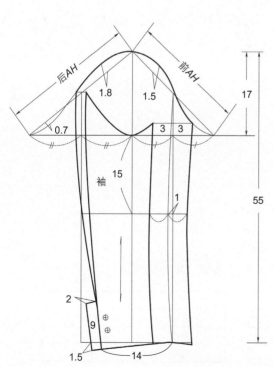

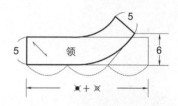

结构图

裁剪片数	
前片	2片
前侧片	2片
后片	2片
后侧片	2片
过面片	2片
袋盖布	2片
兜牙布	2片
大袖片	2片
小袖片	2片
领里片	1片（整）
领面片	1片（整）
暗门襟片	2片

实例 6-12　连领荷叶褶襟喇叭袖上衣

款式说明：

　　此款上衣为合体无侧缝，属三开身造型，由前身、后身、袖子和领子四部分组成。前身门襟左右造型不同，右身门襟根据图示打开并放出荷叶褶皱；领子与门襟相连呈翻领状。前、后身均有刀背线；袖子为圆装袖呈喇叭口造型。

效果图

款式图

规格确定

单位：cm

衣长	56
肩宽	39
胸围	96
袖长	62

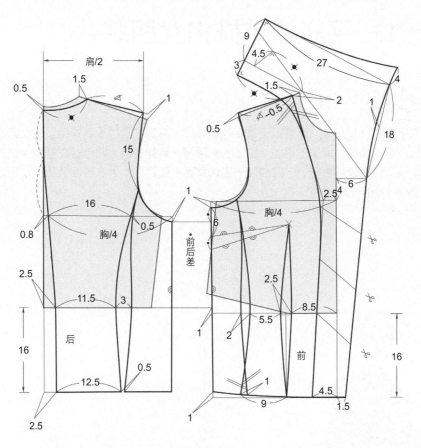

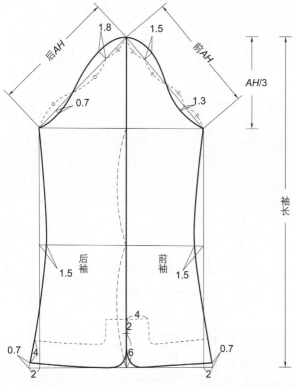

结构图

裁剪片数

前片	2 片
前后侧片	2 片
右襟片	2 片
左襟片	2 片
后片	2 片
前袖片	2 片
后袖片	2 片
前袖贴边片	2 片
后袖贴边片	2 片

实例 6-13　平驳头单排扣女西装

款式说明：

此款为平驳头、三开身、两粒扣正装女西服，适合不同年龄的人群穿用。在女西服制作中要注意把握造型的挺括、领子的平服、袖子的圆顺等一系列要点。西服领在领型中属于驳领的范畴，有平驳头和戗驳头之分，一般应用于男、女西服和男、女大衣等服装品种。可以根据款式的需要选择驳头的样式。

效果图

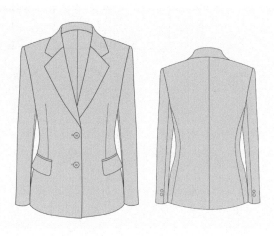

款式图

规格确定

单位：cm

衣长	67
肩宽	40
胸围	100
袖长	55
袖口	14

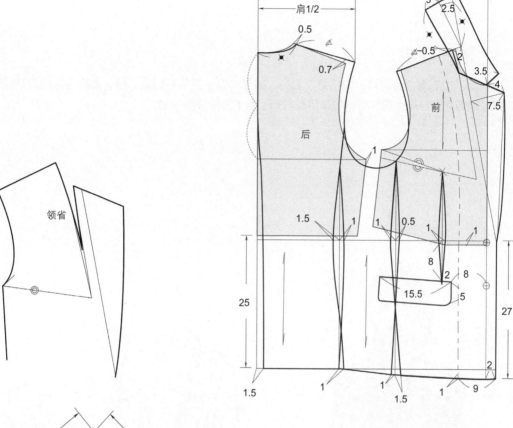

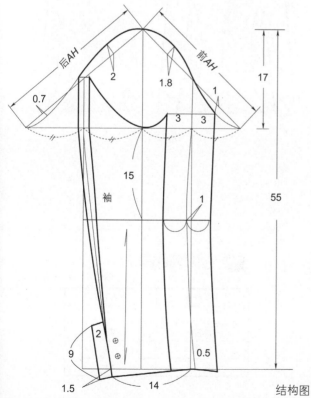

结构图

裁剪片数

前片	2片
前后侧片	2片
后片	2片
领里片	1片（整）
领面片	1片（整）
大袖片	2片
小袖片	2片
过面片	2片
袋盖片	2片
兜牙片	2片

实例 6-14 单排三粒扣圆摆上衣

款式说明：

此款上衣属合身造型，由前身、后身、袖子、领子四部分组成。前、后身均采用刀背线收腰；后背有破背缝；前片有搭门单排三粒扣；袖子为两片圆装袖。

效果图

款式图

规格确定

单位：cm

衣长	60
肩宽	41
胸围	98
袖长	56
袖口	14

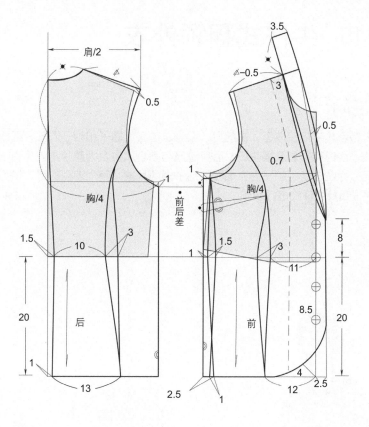

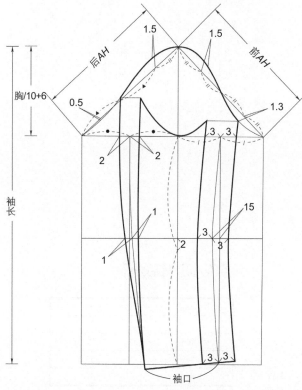

结构图

裁剪片数

前片	2片
前侧片	2片
后片	2片
后侧片	2片
大袖片	2片
小袖片	2片
过面片	2片
领子片	2片（整）

实例 6-15　牛仔式翻领外衣

> ### 🔙 款式说明：
>
> 　　此款上衣是合体牛仔装造型，由前身、后身、过肩、袖子和领子五部分组成。前身有横过肩及竖分割线，线内有贴袋及插袋口；后身过肩与前小肩拼合为整片；前身有搭门、单排扣共六粒扣子；门襟为贴边状；领子为立翻领；袖子为两片袖。整个造型的缝边均为倒缝并有双明线，可选用牛仔布及牛仔线进行制作。

效果图

款式图

🔙 规格确定

单位：cm

衣长	69
肩宽	42
胸围	104
袖长	55
袖口	15

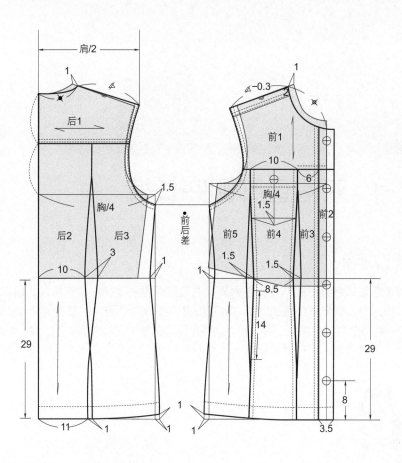

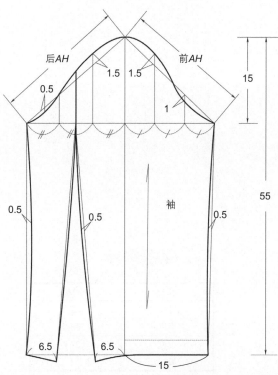

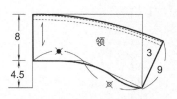

结构图

前1～5片	各2片
后1、2片	各1片（整）
后3片	2片
大袖片	2片
小袖片	2片
领里片	1片（整）
领面片	1片（整）
贴袋片	2片
侧袋片	2片

第7章
裤装制板与裁剪

实例 7-1 双褶直脚侧兜长裤

款式说明：

　　此款裤子造型具备裤子的基本构件要素，也可以称为基础裤，由前裤片、后裤片、腰头、口袋、裤带袢组成。整个裤身松紧适中，裤子前身腰部有两个倒褶；左右侧缝线上缝制口袋；后身腰部左右各两个省道；腰头上共缝制五个裤带袢；前片中缝处缝制拉锁，腰头部位系扣。

效果图

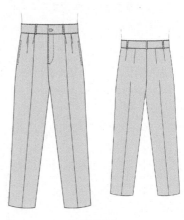

款式图

规格确定

单位：cm

裤长	102
腰围	68
臀围	98
上裆	27
裤口	22

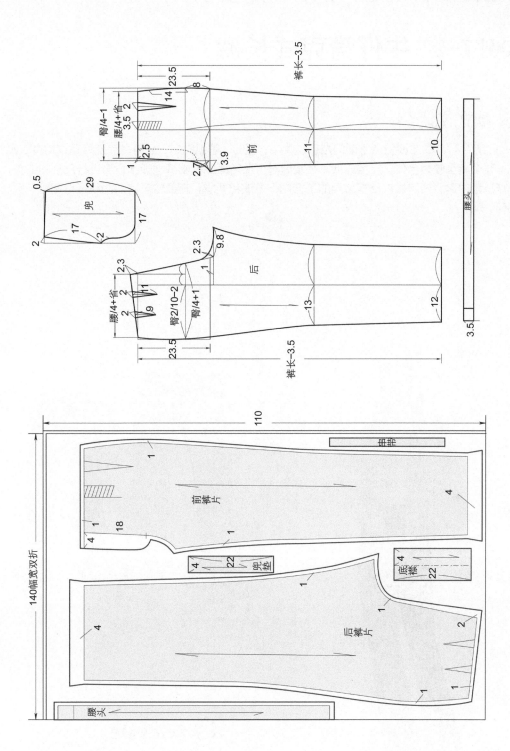

裁剪片数

前片	2片	腰头片	1片（里、面）	底襟片	1片（里、面）
后片	2片	门襟片	1片	垫袋布	2片

放缝图及结构图

实例 7-2　牛仔育克式长裤

　　此款牛仔裤的主要特点是前门拉锁、腰头、侧缝、圆弧兜口、后身育克及后贴袋均有双明线。整个造型较为合体，立裆略低。在裁剪时可在前面的基础裤样板上适当进行尺寸的缩减，制作过程中除了要掌握基础裤必要的工艺制作方法和要求，还要注意将双明线缉得宽窄一致、均匀美观。

效果图

款式图

◆ 规格确定

单位：cm

裤长	102
腰围	68
臀围	94
上裆	25
裤口	22

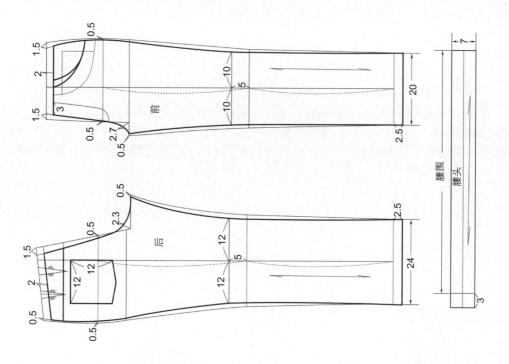

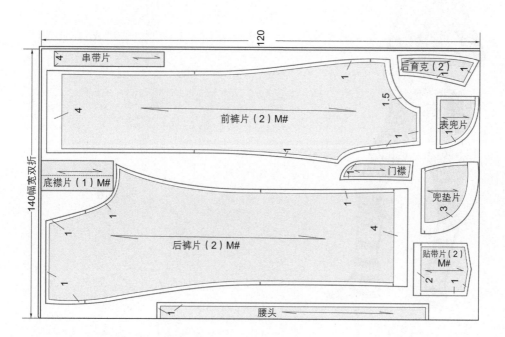

裁剪片数

前片	2片	腰头片	1片（里、面）	底襟片	1片（里、面）	后贴袋	2片
后片	2片	门襟片	1片	前垫袋布	2片	后育克	2片

放缝图及结构图

实例 7-3 多褶 O 形无侧缝靴裤

🔙 款式说明：

此款裤子为宽松造型，分别由前身、后身、腰头三部分组成。整体造型属宽松 O 形，不必设计臀围尺寸，可通过腰部的褶量加大臀部的松度；前、后身腰部左右对称，各有五个倒褶。前、后裤片为整片裁剪无侧缝；立裆应稍长些，裤口较小，可随意在前、后中缝处装缝拉链。

效果图

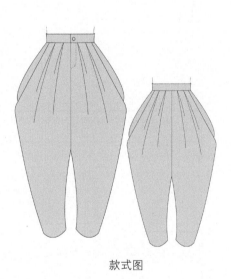

款式图

🔙 规格确定

单位：cm

裤长	88
腰围	68
立裆	33
裤口	18

136

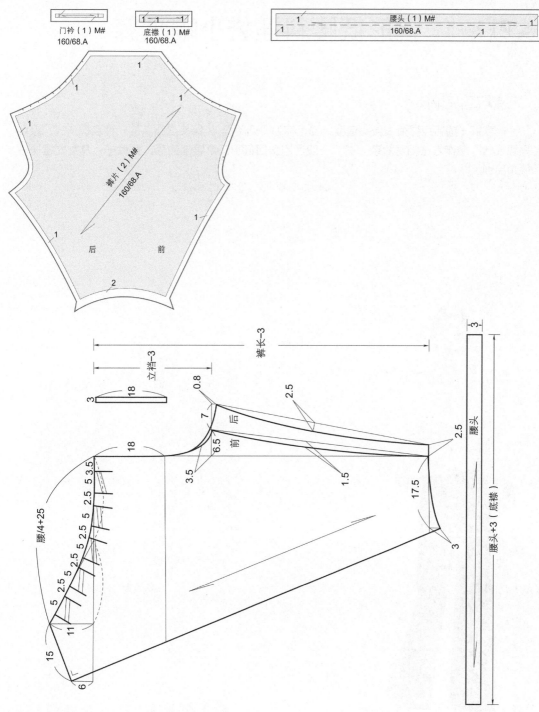

裁剪片数

前后片	2 片
腰头片	1 片（里、面）
门襟片	1 片
底襟片	1 片（里、面）

放缝图及结构图

实例 7-4　弧形低腰斜插袋小喇叭裤

← **款式说明：**

　　此款裤子的特点是弧线腰头造型，也可称为"低腰"。低腰头是腰头的一种表现形式，腰头呈弧线状。制作方法相对复杂一些，一般适用腰口低于正常腰部的男、女裤子，及女式裙子等服装品种。

效果图

款式图

← **规格确定**

单位：cm

裤长	100
腰围	70
臀围	94
上裆	23.5
裤口	27

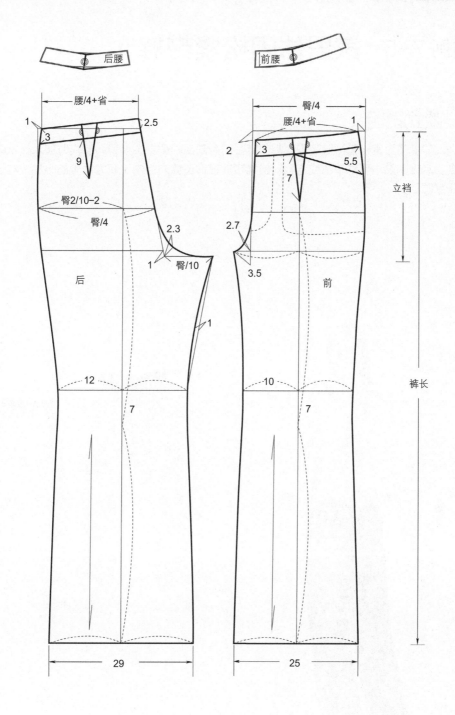

裁剪片数

前片	2片	前后腰头片	1片（里、面）	底襟片	1片（里、面）
后片	2片	门襟片	1片	前垫袋布	2片

结构图

实例 7-5　家居休闲松紧带裤

款式说明：

　　此款裤子为宽松无侧缝造型，裁剪裤片时腰部应根据臀围推算，制作时加入松紧带，缝上腰部松紧带的贴边可以单裁或连裁。松紧带裤在裤子款式当中是较为简单的一种，对于初学者易于掌握。

效果图

款式图

规格确定

单位：cm

裤长	100
腰围	66
臀围	108
上裆	30
裤口	22

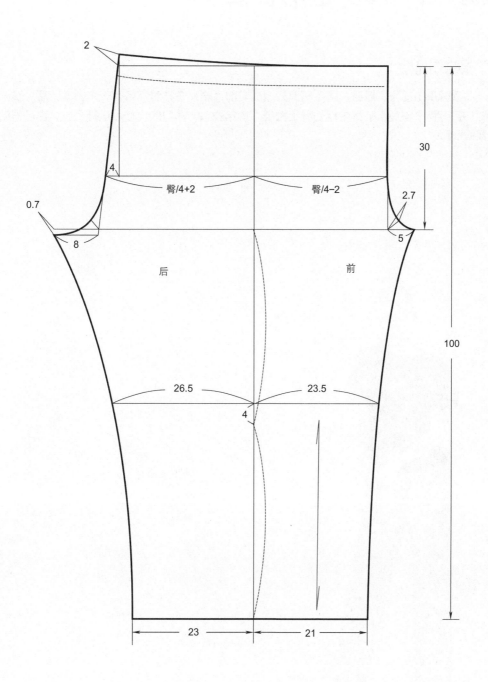

结构图

裁剪片数

前后裤片	2 片
腰口贴边	2 片

实例 7-6　修身锥形长裤

款式说明：

　　此款裤子由前身、后身、腰头三部分组成。前片腰部左右对称各有一个省道；后片腰部左右对称各有两个省道；前身中缝处缝上拉链；直丝腰头。裤口的尺寸可进行测量，也可根据图中数据推算。

效果图

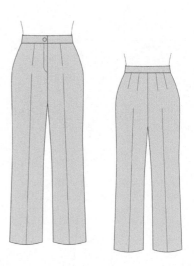

款式图

规格确定

单位：cm

裤长	98
立裆	29
腰围	72
臀围	98

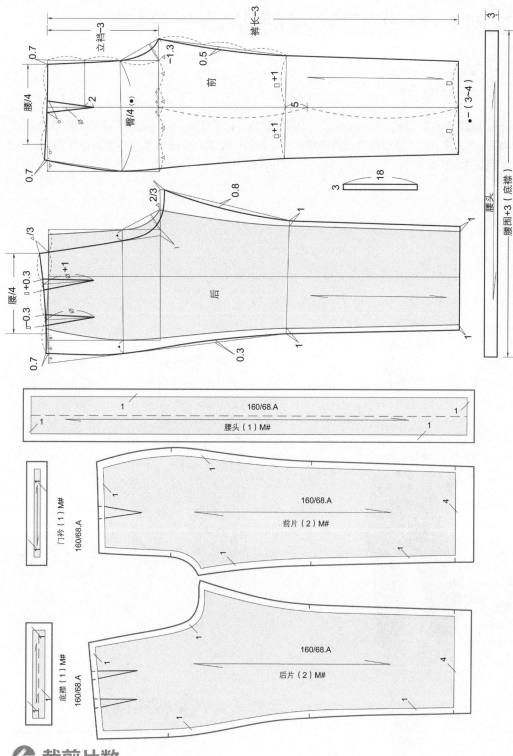

裁剪片数

前片	2片	前后腰头片	1片（里、面）	底襟片	1片（里、面）
后片	2片	门襟片	1片		

放缝图及结构图

实例 7-7　缩口松紧腰贴袋七分裤

◀ 款式说明：

　　此款裤子为低腰宽松中长裤，由前身、后身、松紧腰头、贴袋组成。前片门襟线为装饰线；圆弧形贴袋；后片腰部有育克断身裁片；左右各一贴袋。根据臀围尺寸裁剪直丝腰头，裤子下口用直丝收口。

效果图

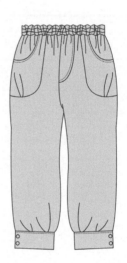

款式图

◀ 规格确定

单位：cm

裤长	72
立裆	24
腰围	68
臀围	100
裤口	38（一圈）

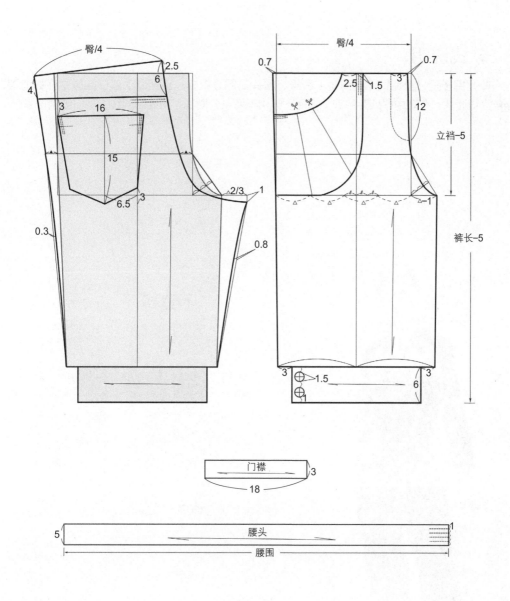

裁剪片数

前片	2片	前后腰头片	1片（里、面）	育克片	2片	后贴袋	2片
前贴袋片	2片	后片	2片	门襟片	1片	裤口边	2片（里、面）

结构图

实例 7-8 灯笼式缩脚长裤

← 款式说明：

此款裤子呈H形造型，由前身、后身、腰头三部分组成。立裆以上部位类似牛仔裤造型，腰部为直腰头，在前中缝处开拉锁。裤筒下端出现两条分割线，均缝制明线，裤口缝制松紧带。

效果图

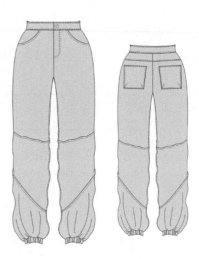

款式图

← 规格确定

单位：cm

裤长	100
腰围	72
臀围	96
立裆	27
裤口	23

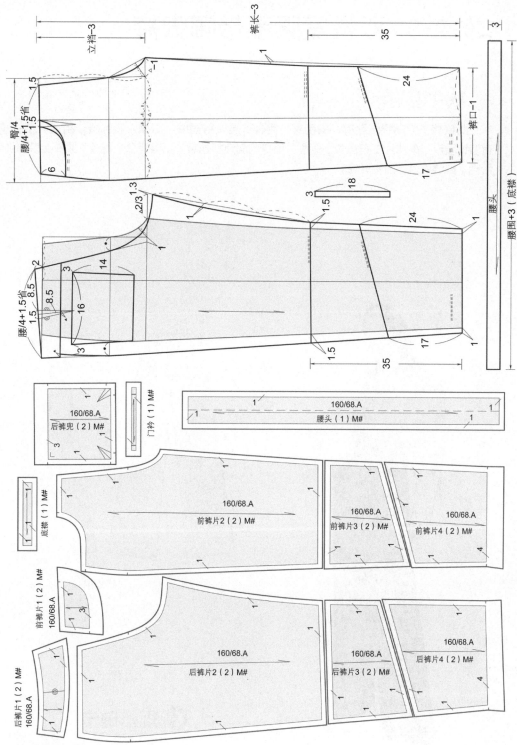

裁剪片数

前片	各2片	腰头片	1片（里、面）	育克片	2片	后贴袋	2片
前贴袋片	2片	后片	各2片	门襟片	1片	底襟	1片（里、面）

放缝图及结构图

实例 7-9 双褶宽腰系带阔脚裤

🔲 **款式说明：**

　　此款裤子为高腰阔腿裤，由前身、后身、腰头斜插袋、门襟、装饰腰带组成。腰头较宽，有装饰腰带；前裤片左右各两个倒褶；前身侧面有斜插袋；后身有2个省道；腰头上装有7个裤带袢；拉链绱缝在前中缝处。

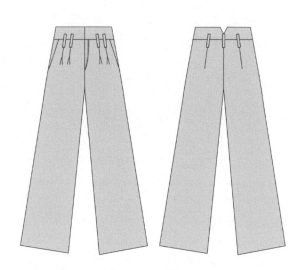

款式图

效果图

🔲 **规格确定**

单位：cm

衣长	104
腰围	70
臀围	96
立裆	30
裤口	28

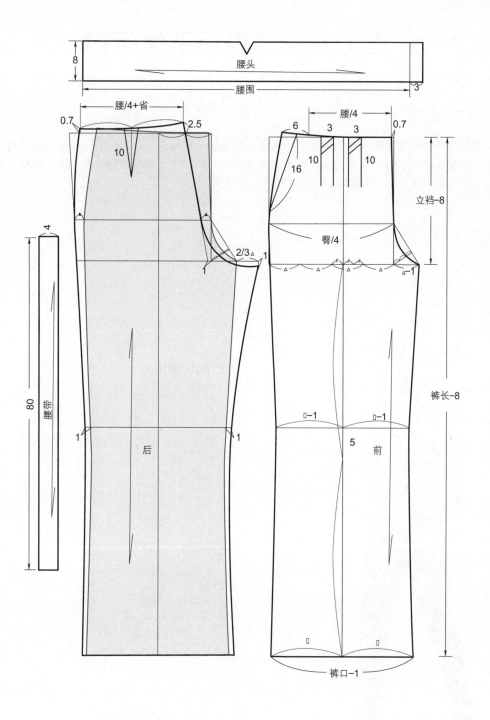

裁剪片数

前片	2片	腰头片	1片（里、面）	底襟	1片（里、面）	装饰带	1片
后片	2片	插袋垫兜	2片	门襟片	1片	裤带袢	7片

结构图

实例 7-10　锥形断身育克运动休闲裤

款式说明：

　　此款裤子为低腰宽松窄裤口造型，由前身、后身、松紧腰头、贴袋组成。前片门襟线为装饰线；前身有育克断身，断身线上加有省道为装饰线，斜口袋缝制在断身线上；后片腰部有育克断身并有贴口袋。可以根据臀围尺寸，裁剪直丝腰头。

效果图

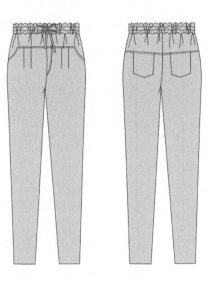

款式图

规格确定

单位：cm

裤长	100
腰围	70
臀围	100
立裆	28
裤口	15

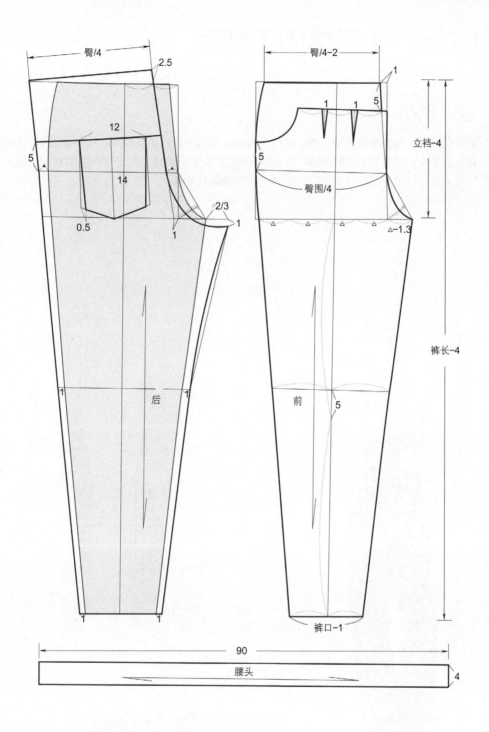

结构图

裁剪片数

前片	2片	腰头片	1片（里、面）	前育克	2片	后贴袋	2片
后片	2片	插袋垫兜	2片	后育克	2片	门襟片	1片

实例 7-11 牛仔休闲工装裤

　　此款造型为工装背带裤，由前身、后身、背带、前后贴袋、腰头组成。前身侧面有斜插袋；后身有省道及贴口袋。裁剪背带身型时，需要借用上身原型绘制，在上身原型的基础上绘制背带的尺寸大小。背带的宽窄可根据喜好制作，拉链装缝在侧面。

效果图

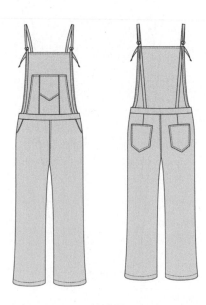

款式图

⬅ 规格确定

单位：cm

裤长	96
腰围	74
臀围	98
立裆	28
裤口	22

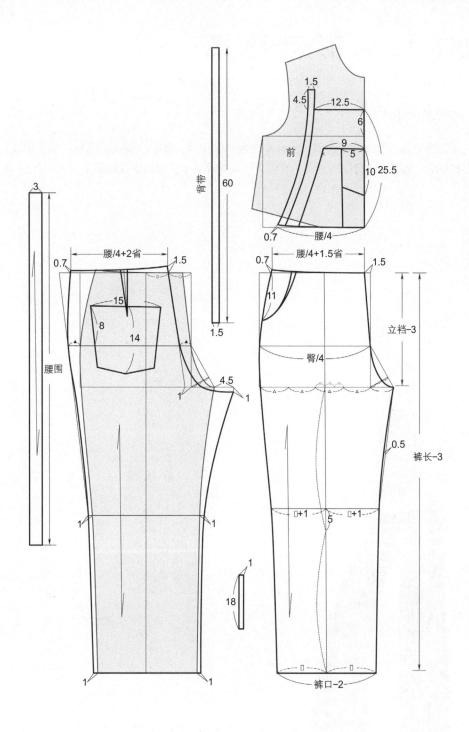

裁剪片数

前片	2片	上贴袋	1片	背带边	2片	后贴袋	2片
后片	2片	背带	2片	插袋垫兜	2片	腰头片	1片（里、面）

结构图

实例 7-12　Ａ形宽腿长裤

◀ 款式说明：

　　此款裤子为A形大裤口造型，也可称之为长款裙裤。裤子由前身、后身、腰头组成，前裤片左右有两个省道；后身左右有两个省道；腰头为直丝；拉链绱缝在侧缝上。

效果图

款式图

◀ 规格确定

单位：cm

裤长	104
腰围	70
臀围	94
立裆	28

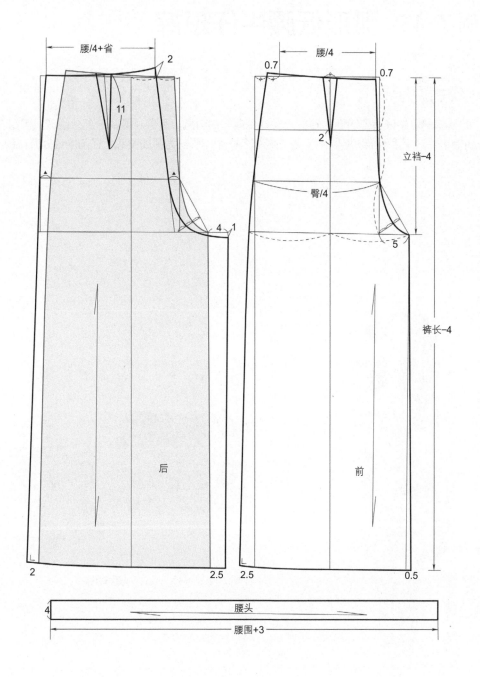

结构图

裁剪片数

前片	2片	后片	2片	腰头片	1片（里面）

实例 7-13 弧形低腰牛仔短裤

款式说明：

　　此款裤子是牛仔造型的低腰短裤，尺寸合体，由前身、后身、腰头三部分组成。前身左右各一个斜挖袋；后身腰部有斜断身，左右贴袋各一个；腰部为弧线腰头，在前中缝处开拉锁。

效果图

款式图

规格确定

单位：cm

裤长	35
腰围	74
臀围	92
立裆	26

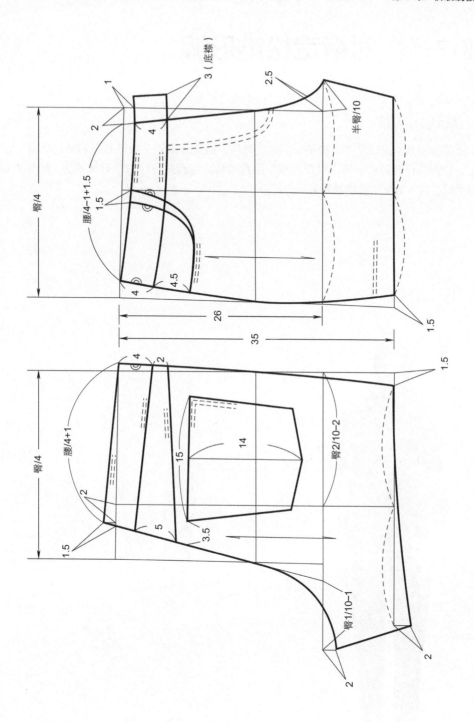

裁剪片数

前片	2片	腰头片	2片	底襟	2片（里、面）	后贴袋	2片
后片	2片	插袋垫兜	2片	后育克	2片	门襟片	1片

结构图

实例7-14 对褶宽松锥形裤

款式说明：

　　此款裤子为A形锥子裤。裤子由前身、后身、腰头组成，主要特点是前裤片有两个较大的对褶，褶裥的打开可根据喜好确定尺寸；后身有两个省道并制作为单开线挖袋；腰头为直丝；拉链绱缝在前中缝上；裤脚处有装饰袋袢。

效果图

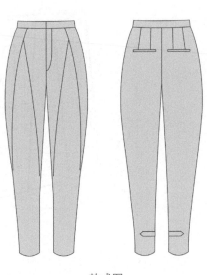

款式图

规格确定

单位：cm

裤长	104
腰围	68
臀围	96
立裆	28
裤口	18

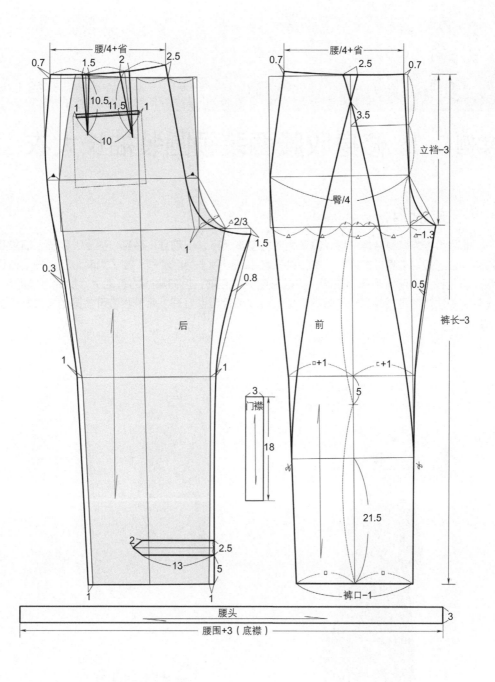

结构图

裁剪片数

前片	2片	腰头片	1片	底襟	1片（里、面）	袋牙片	2片
后片	2片	垫兜	2片	装饰片	4片	门襟片	1片

第8章
大衣制板与裁剪

实例 8-1　修身收腰西装领圆装袖长大衣

此款大衣为修身合体造型，具备大衣的基本要素，由前身、后身、袖子、领子、口袋及腰带六部分组成。前身单排搭门，暗扣共三粒扣子；领子为翻驳领；袖子为两片圆肩袖；口袋为双牙袋盖挖兜；胸围合体，收腰，放摆无侧缝。在前、后刀背线的基础上，加大下摆的尺寸。此款需要注意的是合并基础的腋下省道时应将前片腰省打开；后身腰带可根据个人喜好设置宽窄尺寸。

款式图

效果图

← **规格确定**

单位：cm

衣长	104
肩宽	42
胸围	94
袖长	60
袖口	15

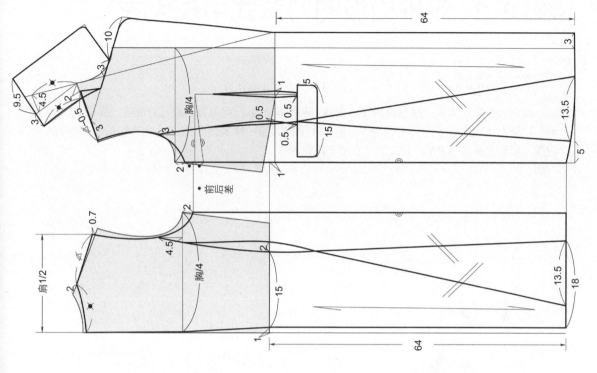

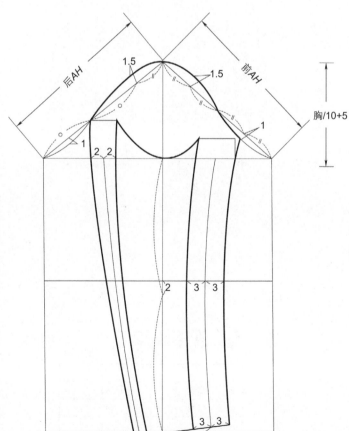

结构图

← 裁剪片数

前片	2片
前后侧片	2片
后片	2片
兜牙片	2片
过面片	2片
领面片	1片（整）
领里片	2片（整）
兜盖片	2片
大袖片	2片
小袖片	2片
后腰带	1片

实例 8-2　双排扣板兜刀背式中长大衣

款式说明：

此款大衣为双排扣，翻领有领座，为四开身结构，可利用刀背分割线收腰突出服装的立体感。双排为六粒扣并采用包扣眼制作。包扣眼是扣眼的一种表现形式，一般应用于质地较厚的皮面料和毛呢面料的服装，如皮质上衣和毛呢大衣等。

效果图

款式图

规格确定

单位：cm

衣长	95
肩宽	41
胸围	106
袖长	57

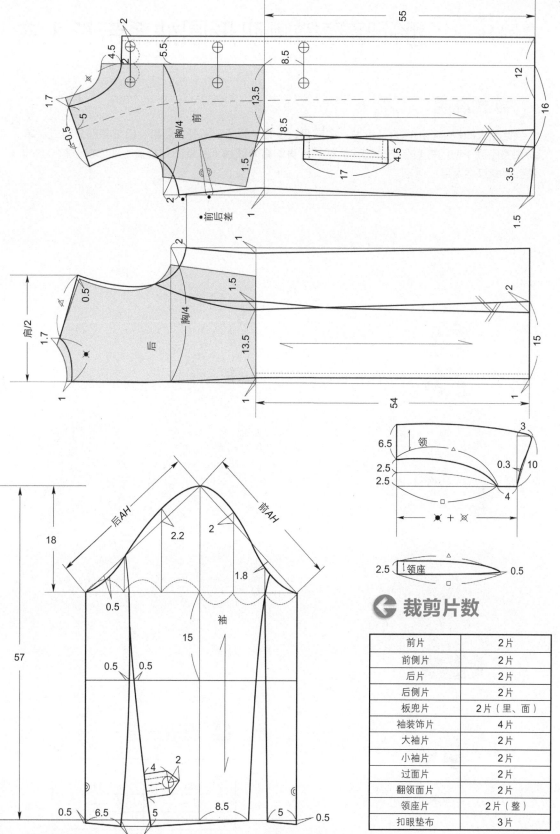

结构图

裁剪片数

前片	2片
前侧片	2片
后片	2片
后侧片	2片
板兜片	2片（里、面）
袖装饰片	4片
大袖片	2片
小袖片	2片
过面片	2片
翻领面片	2片
领座片	2片（整）
扣眼垫布	3片

实例 8-3　翻领暗襟微喇叭形圆袖系带长大衣

款式说明：

此款大衣是喇叭形圆装袖造型，由前身、后身、领子、袖子、腰带及口袋多部分组成。单排扣关门领；前门衿有装饰分割线。前、后身均有刀背线；贴袋上有袋盖；袖口部位有装饰；腰部系蝴蝶结腰带。

效果图

款式图

规格确定

单位：cm

衣长	110
肩宽	41
胸围	104
袖长	65

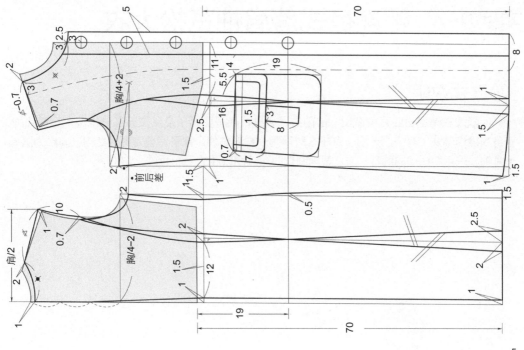

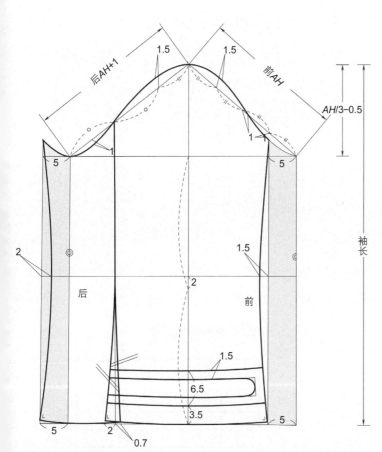

结构图

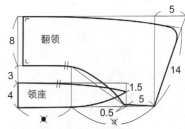

← **裁剪片数**

前片	2片
前侧片	2片
前襟片	2片
兜盖	2片
贴兜片	2片
后片	2片
后侧片	2片
过面片	2片
翻领面片（整）	1片
袖装饰片	2片
大袖片	2片
小袖片	2片
领座片	2片（整）
翻领里片	1片（整）
腰带	1片（里、面）

实例 8-4　帽连襟式落肩袖宽松大衣

⟵ 款式说明：

　　此款大衣是宽松四开身造型，由前身、后身、袖子和领子及贴袋五部分组成。其特点为：前身衣襟连帽式；有搭门无扣；有左右对称两个方形贴袋。帽子造型为两片结构，肩部为落肩，一片袖，采用肩压袖的缝制方法。裁剪制作时可选用较厚的毛呢面料。

效果图

款式图

⟵ 规格确定

单位：cm

衣长	96
肩宽（含落肩）	72
胸围	120
袖长	42
袖口	17

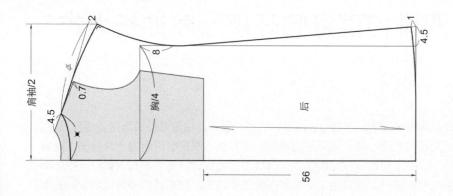

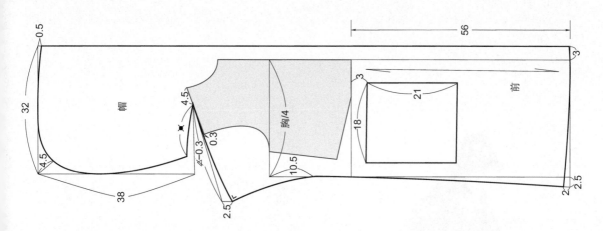

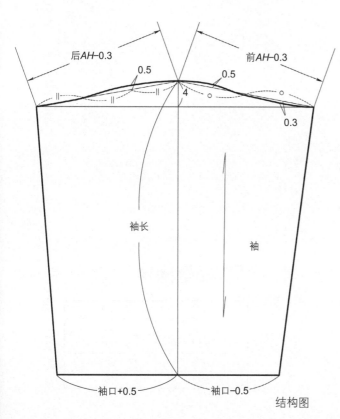

结构图

裁剪片数

前片及帽片	2片
后片	1片（整）
袖片	2片
过面及帽片	2片
贴兜片	2片
后领口贴边	1片（整）

实例8-5 双排扣直身侧开衩落肩袖长大衣

款式说明：

此款大衣是四开身落肩袖造型，由前身、后身、袖子、领子、腰带及袖装饰带多部分组成。其特点为：双排扣大翻领落肩袖；袖子采用插肩袖的制作方法，裁剪时拼合为一片袖子；后背有活过肩并钉缝装饰扣，宽度可设计在胸围线上。口袋设计为侧缝插兜，左右双侧有开衩。肩部为落肩，一片袖并有装饰袖袢。腰带用扣子固定在后缝中线上。裁剪制作时可选用较厚的毛呢面料。

效果图

款式图

 规格确定

单位：cm

衣长	109
肩宽	42
胸围	100
袖长	56（含落肩）
袖口	16

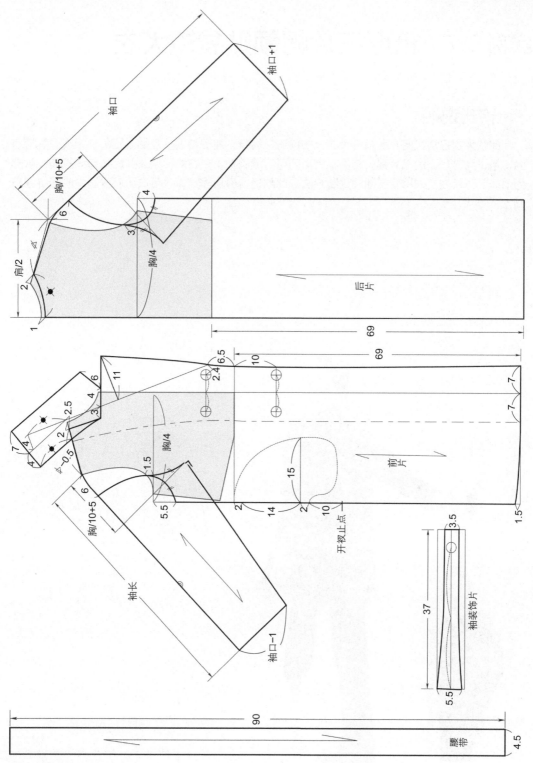

结构图

前片	2片	过面片	2片	领面片	1片（整）	后过肩片	1片（整）	袖装饰片	2片（里、面）
后片	1片（整）	袖片	2片	领里片	1片（整）	侧兜片	2片	腰带	2片

实例 8-6　箱形三片帽领贴袋短大衣

款式说明：

　　此款大衣是宽松四开身箱形大衣，由前身、后身、袖子和领子及贴袋五部分组成。其特点为：帽子为带墙边的三片裁剪结构；有搭门可钉缝暗扣；左右对称贴袋并配有单牙挖袋。肩部为落肩，一片袖，采用肩压袖的缝制方法。此款适合春秋季穿着，可选用薄厚适中的面料裁剪制作。

效果图

款式图

 规格确定

单位：cm

衣长	95
肩宽	42
胸围	110
袖长	59（落肩6）
袖口	33（一圈）

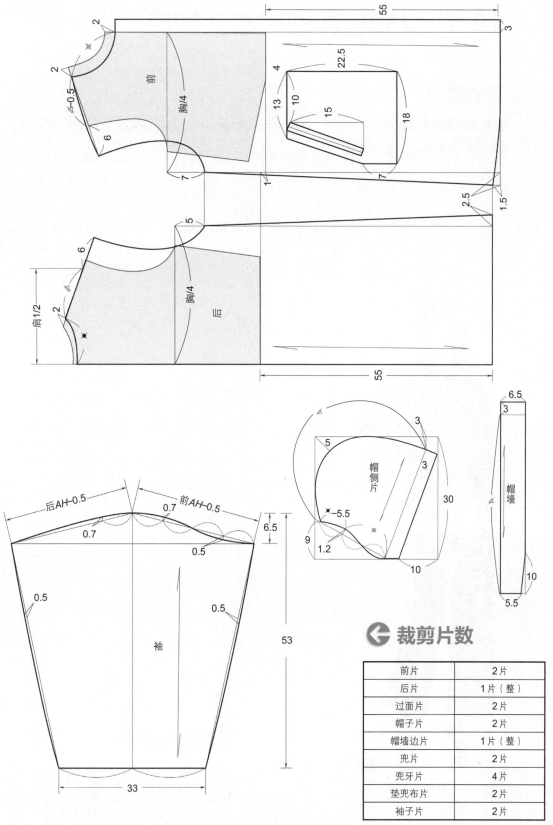

前片	2片
后片	1片（整）
过面片	2片
帽子片	2片
帽墙边片	1片（整）
兜片	2片
兜牙片	4片
垫兜布片	2片
袖子片	2片

结构图

实例 8-7　立领肩连袖式套头披肩

🔙 款式说明：

　　此款为披风造型短大衣，由前身、后身、领子三部分组成。前、后身均是整衣身，肩袖较短，前身领口处略开，领子为中式立领。

效果图

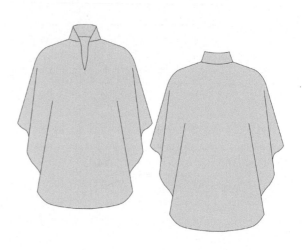

款式图

🔙 规格确定

单位：cm

衣长	72
肩宽	40
肩袖长	58（含小肩宽20）

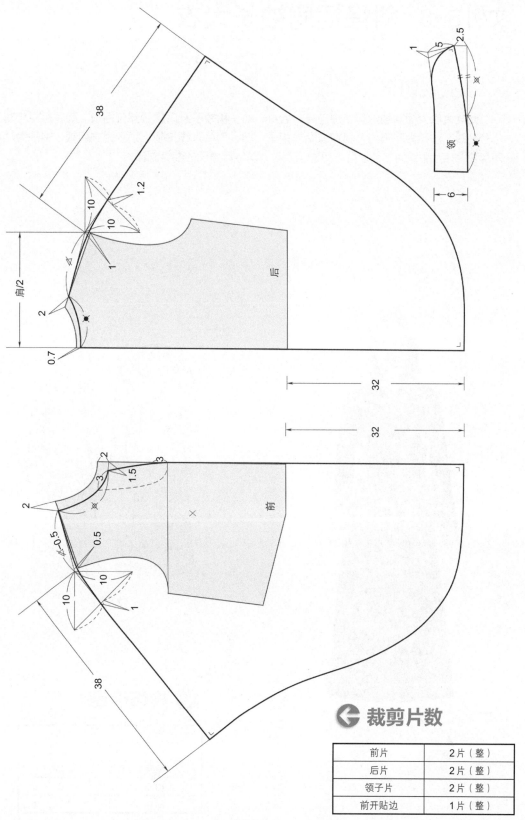

结构图

裁剪片数	
前片	2片（整）
后片	2片（整）
领子片	2片（整）
前开贴边	1片（整）

实例8-8 斜襟插肩袖长大衣

款式说明：

　　此款大衣为插肩袖造型，由前身、后身、袖子和领子及口袋五部分组成。前、后身均有刀背分割线，前襟为宽搭门，斜襟有两粒扣子。口袋为单开线挖袋，领子为立翻领，袖子为插肩两片袖，后片中缝为整片造型。可选用毛呢、羊绒等厚质的面料制作。

效果图

款式图

规格确定

单位：cm

衣长	115
肩宽	41
胸围	106
袖长	60
袖口	16

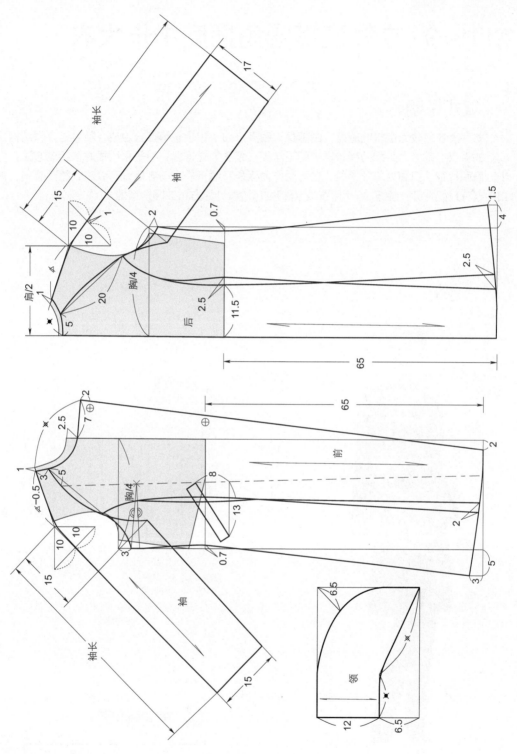

结构图

裁剪片数

前片	2片	后片	1片（整）	过面片	2片	领里片	1片（整）	后袖片	2片	垫兜布片	2片
前侧片	2片	后侧片	2片	领面片	1片（整）	前袖片	2片	兜牙片	4片		

实例 8-9　立领连襟圆角插肩中长大衣

款式说明：

　　此款大衣是较为宽松的造型，由前身、后身、袖子和领子等部分组成，前襟连立领结构是此款的特点。前身为外翻门襟单排搭门三粒扣，领子为立连领，袖子采用插肩袖绘制方法，为半圆肩两片袖。口袋为单牙挖袋，也可制作为板袋及缝子袋。前衣身设有公主线略收腰省，袖口中缝有开衩并钉缝装饰扣。可根据喜好将袖口边设计为方角或圆角造型。

效果图

款式图

规格确定

单位：cm

衣长	95
肩宽	41
胸围	118
袖长	55
袖口	18.5

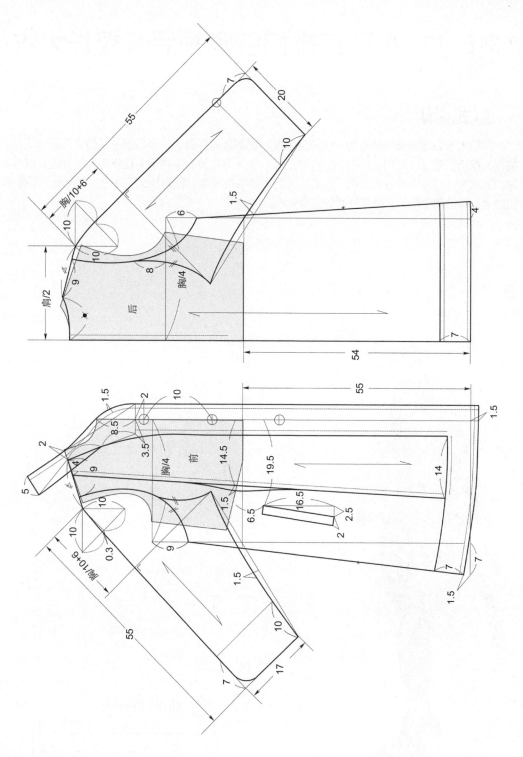

裁剪片数

前片	2片	后片	1片（整）	过面片	2片	后袖片	2片	前袖贴片	2片	兜牙片	2片
前侧片	2片	前门襟及领片	2片	前袖片	2片	后摆边	1片（整）	后袖贴片	2片	垫兜布片	2片

结构图

实例8-10　Ａ形三排扣戗驳领后开衩长大衣

🔙 款式说明：

　　此款大衣为插肩袖、戗驳领、四开身造型，由前身、后身、袖子、领子及口袋五部分组成。前襟为宽搭门双排六粒扣，口袋为板兜挖口袋。领子为戗驳领；袖子为插肩两片袖并设有肩袢、袖口装饰带。后片中缝有对褶裥，为整片造型。腰部有腰带，宽为5cm，长为160cm；下摆围度较大。可选用毛呢、羊绒等厚质的面料制作。

效果图

款式图

🔙 规格确定

单位：cm

衣长	104
肩宽	42
胸围	114
袖长	61
下摆围	149
袖口	18

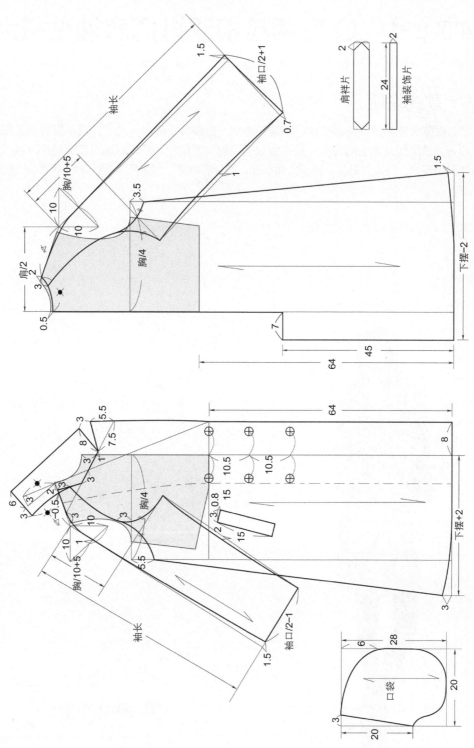

结构图

裁剪片数

前片	2片	领面片	2片	前袖片	2片	腰带片	1片（里、面）	肩祥片	4片	垫兜布片	2片
后片	1片（整）	领里片	2片	后袖片	2片	过面片	2片	袖装饰片	2片	板兜片	2片（里、面）

实例8-11 O形两粒扣双排插肩袖贴袋大衣

🔵 款式说明：

此款大衣为四开身插肩袖、蟹钳领造型，由前身、后身、袖子、领子及口袋五部分组成。O形的造型是此大衣的特点，前襟为宽搭门双排两粒扣，制作时既可钉缝明扣，也可钉暗扣。翻驳领较大，口袋为贴袋，袖子为插肩袖，后片有中缝。可选用毛呢、羊绒等厚质的面料制作。

效果图

款式图

🔵 规格确定

单位：cm

衣长	92
肩宽	42
胸围	112
袖长	58
袖口	16

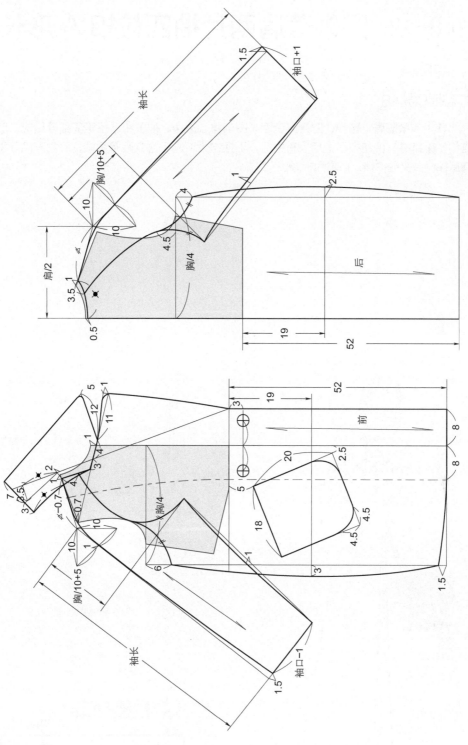

裁剪片数

前片	2片	前袖片	2片	领面片	1片（整）	过面片	2片	贴兜片	2片
后片	1片	后袖片	2片	领里片	1片（整）	袖克夫片	2片		

结构图

实例 8-12　圆领落肩两片袖四粒扣 A 形长大衣

款式说明：

　　此款大衣是落肩、翻领、四开身造型，由前身、后身、袖子和领子等多部分组成。前身设有搭门，单排共有四粒扣子；后身有中缝，下摆微大。领子为立翻圆角领，肩为落肩造型。袖子有后袖缝并夹缝袖袢，口袋为板袋。

效果图

款式图

规格确定

单位：cm

衣长	101
肩宽	42
胸围	110
袖长	60（落肩 7）
袖口	16

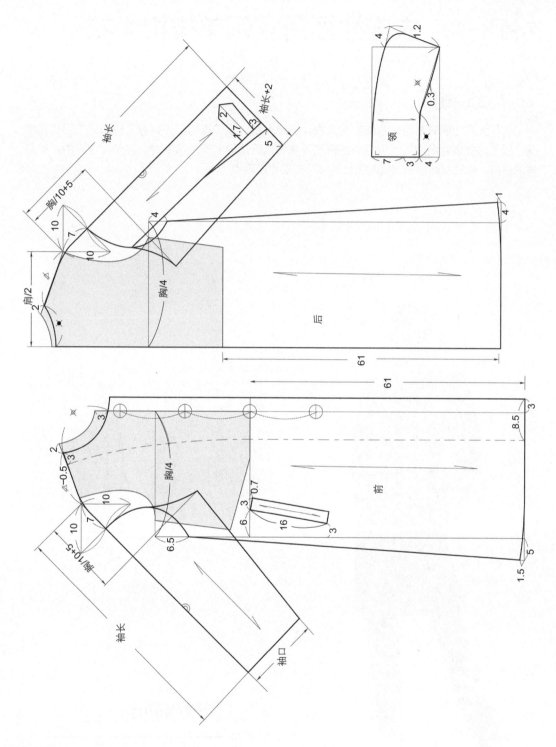

裁剪片数

前片	2片	大袖片	2片	板兜片	2片	领面片	1片（整）	袖祥片	4片
后片	2片	小袖片	2片	过面片	2片	领里片	1片（整）		

结构图

实例 8-13　衣连袖插角立领单排扣大衣

◀ 款式说明：

此款大衣为四开身结构衣连袖式大衣。前身为整片设单排搭门，共有三粒扣子。后身有中缝，领子为立领。肩连袖造型特点是在腋下需加入三角形或菱形角衣片。在制作过程中，菱形角的拼接、贴兜及翻袖边的缝制工艺是学习的重点和难点。

效果图

款式图

◀ 规格确定

单位：cm

衣长	95
肩宽	42
胸围	110
袖长	60
袖口	20

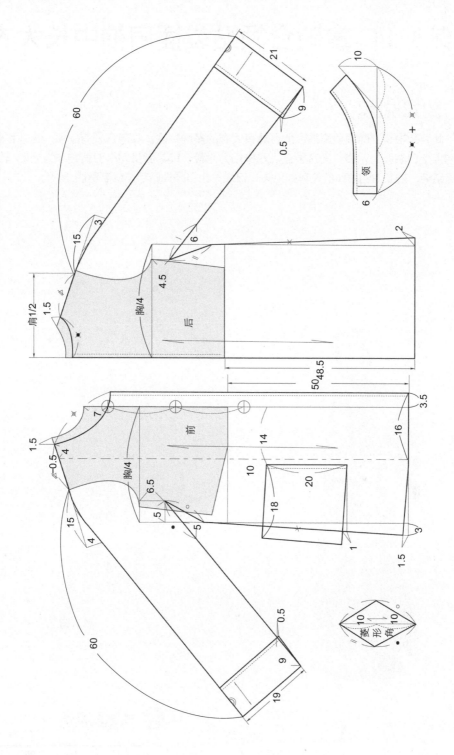

裁剪片数

前身及袖片	2片	领面片	1片（整）	袖克夫片	2片	菱形角片	2片	后领口贴边	1片（整）
后身及袖片	2片	过面片	2片	领里片	1片（整）	贴兜片	2片		

结构图

实例 8-14　拿破仑领贴袋插肩袖中长大衣

← **款式说明：**

　　此款大衣是立翻领插肩袖造型，具有大衣的多种特性。拿破仑领有立领、翻领和驳领综合的特点；口袋既有贴袋，又有袋盖。双排扣为六粒。前、后身均有刀背线；为无侧缝结构，三开身结构。插肩袖的袖口部位有袖克夫，口袋、止口等外口部位缝制宽明线。

款式图

效果图

← **规格确定**

单位：cm

衣长	95
肩宽	42
胸围	104
袖长	60
袖口	15

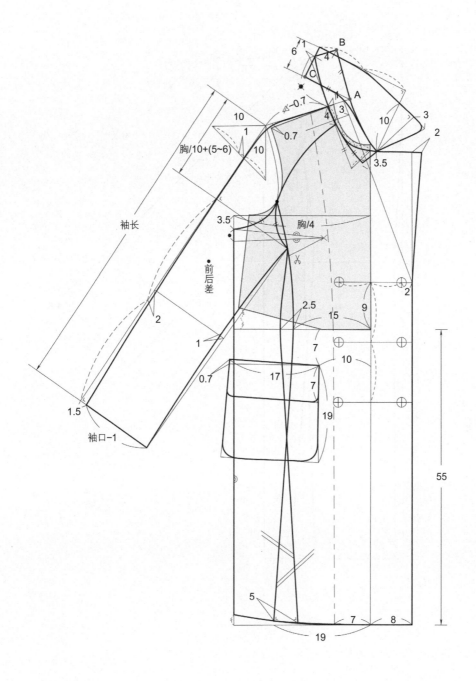

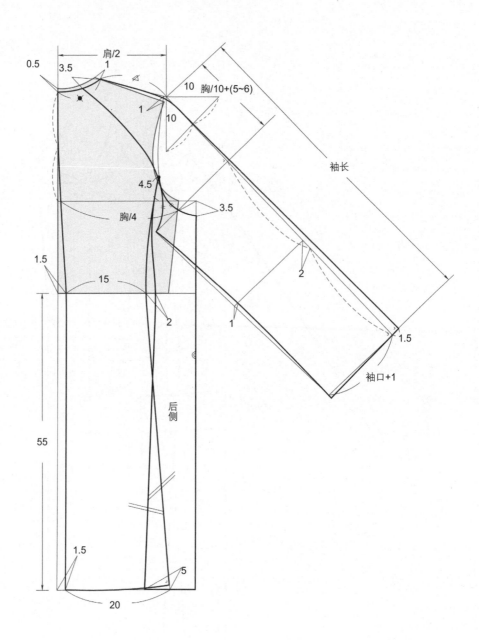

裁剪片数

前片	2片	后片	2片	过面片	2片	翻领里片	1片（整）	前袖片	2片	袖克夫	4片
侧片	2片	兜片	2片	翻领面片	1片（整）	领座片	2片（整）	后袖片	2片	兜盖	2片

结构图